勝田正志監修

はじめての熱帯魚&水草の育て方

成美堂出版

カラフルで美しい！アクアリウムを楽しむ

AQUARIUM ポイント POINT 7

カラフルな熱帯魚たちが泳ぎ、グリーンの水草がゆれる水槽は、ながめるだけでいやされます。ペットとしても、美しいインテリアとしてもおすすめの熱帯魚のいる暮らしを紹介します。

▲熱帯魚と水草のバランスを考えてつくる自分だけのアクアリウム。美しいだけでなく、奥が深い。

ポイント POINT 1　小型水槽なら気軽にチャレンジOK！

立方体のキューブ型水槽や超小型水槽なら、置き場所も選ばないので、気軽にアクアリウム生活をスタートできます。小型魚を中心に水草を配して、小さなアクアリウムを楽しみましょう。

初心者向き小型種の組み合わせ

◀小型熱帯魚は小さい水槽でも十分に楽しめる。

▶ネオンテトラ、グッピー、ソードテール。ビギナー向きの組み合わせ。

ベタ

小さい水槽で飼育できる代表種。ろ過フィルターなしでもOK。

アベニーパファ

個性的な淡水フグのアベニーパファは、1品種だけで飼おう。小さいサイズのかわいいフグ。

レッドビーシュリンプ

赤と白の派手な模様が美しく、人気が高いレッドビーシュリンプ。混泳もできるが、1品種のみ小型水槽で飼育するのも楽しい。

環境が整えば、自然に繁殖してふやすこともできる。

エンゼル・フィッシュとソードテール

▲存在感のあるエンゼル・フィッシュと、色鮮やかな紅白ソードテールが映えるレイアウト水槽。　▲水草だけでなく、流木などのアクセサリーを効果的に配置しよう。

AQUARIUM
ポイント POINT 2　デザインを考えてレイアウト水槽を作る

カラフルな熱帯魚にグリーンの水草。そこに流木などを入れてレイアウトを作るのは、アクアリウムの楽しみのひとつ。自分だけの美しいレイアウトにチャレンジ!

コリドラス

コリドラスが底砂から吹き上げる水で遊ぶ様子を楽しめる水槽。外部フィルターの排出口を底に配置するようにセット。

底砂は細かい川砂がおすすめだ。

▲水質、水温などの環境が適している種類の中から、混泳させられるものを選ぼう。体の大きさが違いすぎるもの、ヒレをかじるタイプとの混泳などには注意が必要。

POINT 3 いろいろな熱帯魚を泳がせる「混泳」のコツ

いろいろな種類の魚を混泳させると、楽しみが広がります。同じ環境を好むもの同士で、ケンカしない組み合わせを選びましょう。

小型カラシンとグラミー

 ネオンテトラ
 コバルトブルー・グラミー

ネオンテトラなどの小型カラシンは群れで泳がせたい。

小型グラミーなら、小型魚との混泳もOK。

コイとコリドラス

 ラスボラ・エスペイ
 コリドラス・パンダ

コイは気性が荒いもの、ヒレをかじる種類は注意。

コリドラスは水質さえあえば、多くの種類と混泳OK。

グッピーと小型カラシン

 グッピー（ブルーグラス）
 ラミーノーズ・テトラ

尾ビレが長いグッピーは、ヒレをかじる魚はNG。

小型カラシン同士のほか、メダカの仲間と混泳もできる。

エンゼル・フィッシュとモーリー

 エンゼル・フィッシュ
 オレンジ・バルーンモーリー

小型のうちは混泳が可能。ケンカするときは分けること。

モーリーやソードテールは体がやや大きく混泳向き。

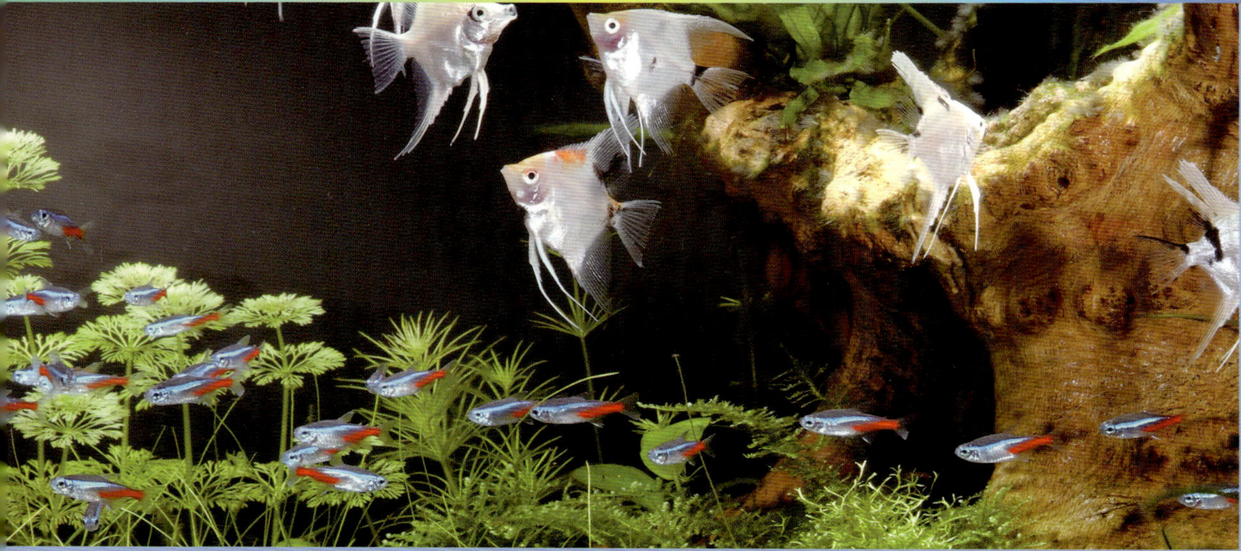

▲水槽の環境がととのってから魚を選びに行くこと。

AQUARIUM

ポイント POINT 4 失敗しないグッズ選びと水槽セッティング

アクアリウム生活は、グッズをそろえることからスタート！魚を買う前に水槽をセットしておくのが失敗しないための極意です。

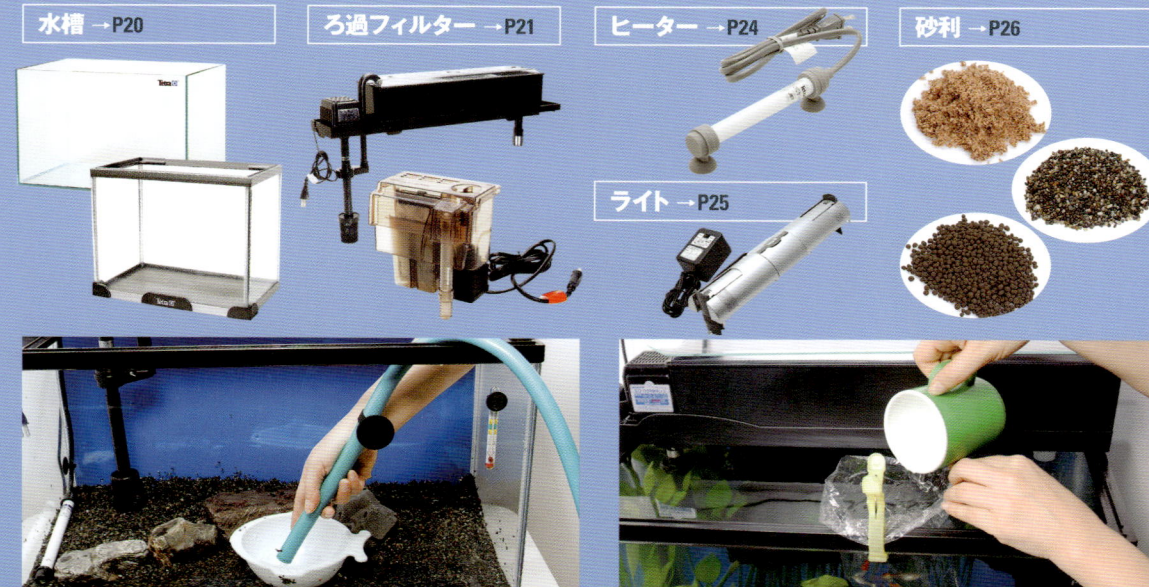

水槽 →P20

ろ過フィルター →P21

ヒーター →P24

ライト →P25

砂利 →P26

グッズをそろえたら、水槽をセットしよう。熱帯魚飼育に適した水を作ることが重要。

魚を水槽に入れるときは、ゆっくり新しい環境にならそう。水合わせ（P46）が成功のカギ。

▲いつもきれいなアクアリウムを保つには、日々のメンテナンスが欠かせない。

エサをやると寄ってくるようになる。エサはあげすぎると水を汚すので、適度な量を心がける。

イトミミズなどの生き餌は熱帯魚の好物。ときどきあげるとよい。

水換えは定期的にすること。水質の悪化はすぐに魚に悪影響をあたえる。

水換えの前にコケそうじをしておこう。

ポイント POINT 5 毎日の世話とメンテナンス術

エサやりと水槽のチェックは、毎日欠かさずに行なう世話。水換えを定期的にして、水槽内の環境をきれいに保ちましょう。

| エサ →P50 | そうじグッズ →P60 |

▲何種類もの水草をバランスよく配置していく。水草水槽は、ときどきトリミングして水景を保とう。

POINT 6 水草の植え方&育て方 成功テクニック

アクアリウムを引き立てる美しい水草たち。ビギナーでも簡単に育てられる種類を紹介します。育て方の成功テクを知っておきましょう!

初心者におすすめの水草カタログ → P120

ミクロソリウム

アヌビアス・ナナ

水中だけでなく、水上も使って水草を楽しむアクアテラリウム(P148)。ポイントを押さえれば簡単に作れる。

ウィローモス

アマゾンソード

買ってきた水草は、根の処理をていねいにしてから植える。

水草がのびたらトリミングをする。カットした部分でさらに株を増やすことも可能。

エンゼル・フィッシュ

ふ化した稚魚は生後3週間ほどでエンゼルらしい形に成長する。

エンゼル・フィッシュは産卵した後も、ペアで子育てをする魚。ペアができたら繁殖用水槽に入れて見守ろう。

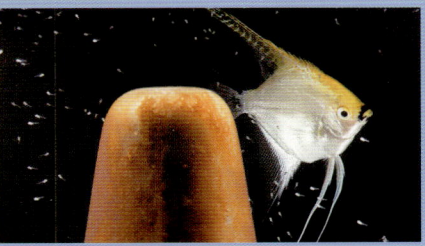

親のまわりを泳ぐふ化したての稚魚たち。

ポイント POINT 7 繁殖させて稚魚を育てよう!

ペアで飼育すると、簡単に繁殖できる品種がいます。繁殖は、ビギナーから上級者まで、アクアリストの大きな楽しみ。産卵、稚魚のふ化、成長する様子は感動的!

レッドビーシュリンプ

腹部に見える茶色いのが卵。ビーシュリンプだけを複数で飼育。環境があえば自然に繁殖する。

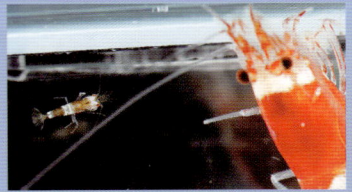

左がふ化してまもない稚エビ。

卵胎生メダカ

グッピーは繁殖を楽しむための代表品種。生後3日目の稚魚。

ブラックモーリーの稚魚。生後約1週間。

ソードテールの稚魚。

「はじめての熱帯魚＆水草の育て方」

CONTENTS もくじ

カラフルで美しい！アクアリウムを楽しむ　ポイントPOINT7 …… 2

PART 1　飼育グッズの準備とセッティング

飼育イメージを考える	まず飼育スタイルを決めよう！	14
飼育グッズの準備	水槽・ろ過フィルター・ヒーター・ライト…飼育グッズを選ぼう	18
	水槽を選ぶ　20／ろ過フィルターを選ぶ　21／水温を保つグッズを選ぶ	24
	ライトを選ぶ　25／砂利を選ぶ　26／アクセサリーを選ぶ　27／水質調整剤	27
水槽をセットする	はじめての水槽セッティング	28
魚に合う水づくり	熱帯魚にはどんな水がいい？	36

名アクアリストへの道！　ビギナーでも大丈夫！　熱帯魚飼育のポイント …… 38

PART 2　魚の迎え方と混泳テクニック

熱帯魚を買いに行く	よい熱帯魚を買うポイントは？	40
熱帯魚の混泳	水槽に入れる熱帯魚の組み合わせ	42
成功する水合わせ	ここが肝心！　水槽に魚を入れよう	46

名アクアリストへの道！　どうなっているの？　熱帯魚の体のしくみ …… 48

PART 3　エサやりと水槽のメンテナンス

熱帯魚のエサやり	健康に育てるエサのあげ方	50
水槽の水換え	定期的な水換えでよい環境を保とう	54
トラブル対策	コケや汚れが発生したときの対処法	58
フィルターと水槽のそうじ	ろ過フィルターと水槽は定期的にきれいにしよう	60

名アクアリストへの道！　熱帯魚にも暑い夏は厳しい！　真夏は水温対策をしよう …… 64

PART 4 初心者向き！熱帯魚カタログ

ネオンテトラの仲間 		66
	ネオンテトラの仲間の飼い方　72／ネオンテトラの繁殖　74	
名アクアリストへの道！ 稚魚のエサ　ブラインシュリンプの育て方		76
メダカの仲間		78
	メダカの仲間の飼い方　84／卵胎生メダカの繁殖　86	
コイ・ナマズの仲間		88
	コイ・ナマズの仲間の飼い方　94	
ベタ・グラミーの仲間		96
	ベタ・グラミーの仲間の飼い方　99	
エンゼル・フィッシュの仲間		100
	エンゼル・フィッシュの飼い方　102／エンゼル・フィッシュの繁殖　103	
フグの仲間とフグの飼い方		104
エビ・貝の仲間		106
	エビ・貝の仲間の飼い方　110	
名アクアリストへの道！ 初心者には飼育がむずかしい熱帯魚たち		112

PART 5 水草の植え方・育て方とトリミング術

水草の役割	水槽の環境をつくる水草の働き	118
水草種類図鑑		120
水草の植え方	植える前の下準備のコツ	126
水草の世話	水草をじょうずに育てよう！	128
トリミングと増やし方	トリミングや植えかえで水槽を美しく！	130
名アクアリストへの道！	使う？　使わない？　水草を育てるCO_2	134

「はじめての熱帯魚&水草の育て方」
CONTENTS もくじ

PART 6 ビギナー向き！美しい水槽レイアウト

水槽のレイアウト	熱帯魚と水草が調和するレイアウト水槽	136
手軽にはじめる小型水槽	小型のカラフル熱帯魚　プラティ&ネオンテトラ	138
	小型フグを楽しむ　アベニーパファ水槽	139
	人気の小型エビ　レッドビーシュリンプ	140
30〜45cmの中型水槽を楽しむ	卵胎生メダカとカラシンの混泳	142
	コリドラスの吹き上げ水槽	143
	エンゼル・フィッシュとソードテールの混泳	144
	グラミーとカラシンを楽しむ混泳水槽	145
本格派水槽にチャレンジ！	水草を楽しむ水槽	146
	ネオンテトラを楽しむ水槽	147
	グリーンが美しいアクアテラリウム	148

PART 7 病気のケアと飼育Q&A

熱帯魚の病気	健康管理と病気の対処法	150
飼い方Q&A	こんなときはどうする？　熱帯魚飼育Q&A	154

アクアリウム用語ガイド　156　　熱帯魚さくいん　158　　水草さくいん　158

これから熱帯魚を飼う人へ

　色とりどりのカラフルな熱帯魚を楽しむ人たちが増えています。小型水槽なら置く場所を選ばず、すぐに飼育できるのも人気の秘密。

　また、濃淡のグリーンが美しい水草は、ヒーリング水槽の主役ともいえます。いろいろな種類の水草の間を泳ぐ熱帯魚たち。美しい水景は見る人の心をいやしてくれます。

　本書では、これからアクアリウムをはじめる人のために、飼育グッズの選び方、水槽のセッティングなどを詳しく解説。ビギナー向きの熱帯魚カタログと水草ガイドでは、豊富な種類を紹介します。

　美しいアクアリウムの世界にようこそ！

PART 1
飼育グッズの準備とセッティング

飼育イメージを考える

まず飼育スタイルを決めよう！

どんな熱帯魚を飼いたいのか、水槽の大きさや置き場所も合わせて飼育スタイルのイメージを決めましょう。

どんな魚が飼いたい？
たくさんの種類の魚から飼いたい種類を決めよう

　熱帯魚は品種が多く、どれも美しいものばかりです。まず、どんな魚を飼いたいか、好みの魚を見つけましょう。飼いたい品種がひとつなのか、複数の種類を混泳（こんえい）させたいのかによっても種類選びは変わります。迷ったらショップの人に相談しましょう。

初心者向きの熱帯魚とは？

★サイズが小さい魚
中型、大型の熱帯魚は水槽の管理が大変。

★丈夫で水質をあまり選ばない
水質に敏感な魚は死にやすく、初心者には不向き。

★エサを与えやすい
生き餌が不要で、配合飼料で育つ魚が簡単。

★値段が手頃
はじめは高価な魚は避けたほうが無難（ぶなん）。

初心者にもおすすめ！　人気の熱帯魚

ネオンテトラ

色合いが美しく、とてもポピュラーな熱帯魚。

グッピー

観賞（かんしょう）用なら色が美しいオスだけを飼ってもOK。

エンゼル・フィッシュ

熱帯魚らしいフォルムが初心者にも大人気！

コリドラス

地味なようでいてかわいいキャラクターが人気。

飼い方を決める
どんな水槽にしたい？水槽の大きさを考える

　熱帯魚の飼育には、さまざまな楽しみ方があります。同じ水槽を使っても、1種類の魚が群れで泳いでいるのと、いろいろな種類の魚が泳いでいるのとでは、まるでイメージがちがうものです。

　熱帯魚や水草の入った水槽は、見るだけでいやされるインテリアにもなります。また、観賞（かんしょう）するだけでなく、繁殖（はんしょく）をさせる楽しみもあります。

　どんな水槽で、どのように熱帯魚を楽しみたいのか、飼育スタイルを決めましょう。

なるほど！コラム Column
金魚鉢で熱帯魚が飼える？

　小さい水槽でも飼える熱帯魚として有名なのは、ベタやアカヒレです。ベタは、ほかの魚と異なる呼吸器の特徴があるので、金魚鉢にフィルターなしでも飼えます。水換えやエサやりなどの世話はほかの魚と同じ。夏以外はヒーターも必要です。

ベタは小さい容器でも飼育OK。

混泳させる　相性のいい複数の種類を組み合わせ、混泳（こんえい）させて楽しむ。

水草を楽しむ　数種類の水草を配置よく植えて、水草のグリーンを楽しむ。

繁殖に挑戦　ペアで飼い、繁殖しやすい環境を作って稚魚（ちぎょ）を生ませる。

コレを飼いたい！　とくに飼いたい種類があれば、1種類をペアや複数飼いしてもよい。

飼育イメージを考える

水槽のサイズは？
水槽の大きさやグッズを決める

　飼育スタイルを決めるポイントとして、まず考えるべきなのが水槽のサイズです。水槽の大きさによっては、置き場所も限られてしまいます。

　最近は小型水槽の種類も豊富なので、手軽にはじめるなら幅20cmから40cmくらいまでの小型水槽を選ぶとよいでしょう。

　水槽の大きさによって、飼える魚の種類と数も決まります。飼いたい種類が決まっている場合は、逆に魚に合わせて水槽を選ぶことが大切です。

　エンゼル・フィッシュなどは体長12cmくらいまで大きくなるので、成長に合わせて水槽を変えることも考えなければなりません。

● 手間とお金はかけられる？

　熱帯魚の飼育に、どのくらい手間とお金をかけるかも、飼育スタイルを決める条件になります。

　たとえばろ過フィルターは、種類により、水換えの頻度が変わります。高価でろ過能力が高いフィルターを使えば、その分水換えの手間はラクになるわけです。また、二酸化炭素システムを使うと植えられる水草の種類が増え、生育もよくなりますが、月々のボンベ代もかかります。

　予算と手間を考えて飼育スタイルを決めましょう。

小型水槽を選ぶなら、大きく成長する魚は飼育できない。

なるほど！コラム Column　熱帯魚ってどんな魚？

　熱帯魚というと、どんな魚を思い浮かべるでしょうか？「熱帯産のカラフルな魚」は、すべて熱帯魚だと思っていませんか？

　正確にいうと熱帯魚とは、熱帯産の淡水魚のことをさしています。

　熱帯産の海水魚は含まれていないので、アニメで有名になったカクレクマノミなどは熱帯魚とはいいません。ショップによっては、熱帯魚だけでなく海水魚も扱っている店もあります。海水魚は水質もまったくちがい、熱帯魚とは飼い方がちがうのでまちがえないようにしましょう。

　熱帯魚の主な原産地は、アマゾン河流域を中心とした南米、東南アジア、アフリカ。

　野生の魚をつかまえた採集魚と、人工養殖による養殖魚があり、ショップで見られる魚の多くは、東南アジアで養殖されたものです。

一般的に養殖魚のほうが飼育しやすい。国産グッピーは日本の水になれた飼いやすい熱帯魚。

飼育スタイルを決める

はじめに飼いたい魚の種類、水槽の大きさのどちらを優先させるかを決めます。飼う魚が決まっている場合はA、水槽の大きさから決める場合はBの手順で、飼育スタイルを決めていきましょう。

A

飼う魚を決める

飼育したい魚がはっきりしているなら、その種類に合わせてグッズを決めます。1匹やペアで飼うのか、集団で泳がせたいのか。ほかの種類も飼育するのか決めます。

水槽を決める

決めた魚の種類と数に合わせて、十分な大きさの水槽を選びます。ろ過フィルターも水槽のサイズに合わせ、機能性を考えて決めます。

B

水槽を決める

水槽の置き場は、安定して重量に耐える場所を選ばなければいけません。小型水槽にしたいのか、中・大型水槽を置くスペースがあるのか、条件に合わせて決めます。

飼う魚を決める

水槽の大きさにより、飼える魚の種類と数を決めます。魚の数を入れすぎないように注意。ろ過フィルターなどの設備も選びます。

水草・アクセサリーを決める

本書で紹介している水草は、初心者でも飼育しやすいものを選んであります。水槽や魚に合わせて、水草の種類を選び流木、石などのアクセサリーを入れましょう。

●**好きな魚を小型水槽で！**

幅17〜20cm程度の小型水槽なら、どんな場所でも置けるので気軽に熱帯魚が飼えます。飼いたいお気に入りの魚だけで、シンプルな水槽に！

例 ▶ P138〜141

●**混泳もOKの中型水槽**

何種類かの熱帯魚を混泳させられ、手軽なインテリアとしても楽しめる中型水槽。混泳の組み合わせは、相性と見た目の美しさで考えてみましょう。

例 ▶ P142〜145

●**複数の魚と水草を入れた大型水槽**

幅が60cm以上ある水槽は、水草を何種類も植えた本格的なレイアウト水槽も可能。同じ水質を好む品種が近い魚を、何種類も混泳させてみましょう。

例 ▶ P146〜147

飼育グッズの準備

水槽・ろ過フィルター・ヒーター・ライト…飼育グッズを選ぼう

熱帯魚を買う前に、あらかじめ飼育グッズを準備し、セットします。イメージした飼育スタイルに合うものを用意しましょう。

魚を買う前に
飼育グッズと魚を同時に買うのはダメ!

　熱帯魚を飼うと決めたら、魚を買う前に飼育グッズを準備します。これは、熱帯魚飼育を成功させるために、いちばん重要なポイントです。

　水槽をセットした日に熱帯魚をすぐ入れると、魚が死んでしまう確率が高くなります。

　水槽をセットし、ろ過フィルターを動かして、魚がすみやすい環境(かんきょう)が整うまでの時間は、約1週間。熱帯魚の飼育を成功させたいなら、魚を買うのは、水槽をセットして約1週間後にしましょう。

水槽セット後、1週間したら魚を買いに行こう。

ワンポイントアドバイス ONE POINT ADVICE
はじめにそろえるもの

- ●水槽　●ろ過フィルターとろ材
- ●水質調整剤　●砂利(じゃり)　●ヒーター
- ●サーモ　●ライト　●水温計
- ●バック紙　●流木や石などの飾り
- ●水草　●上のフタ　●アミ　●エサ

魚は1week後!

グッズを選ぼう！
水槽からアクセサリーまで必要なものをそろえる

熱帯魚の飼育に必要なグッズ類は、飼育スタイルと機能性を考えてそろえましょう。最低限必要なものは、左ページを見てください。

水槽の大きさやろ過装置の性能、水草のためのCO_2システムなど、どのくらいお金をかけるかによってもグッズ選びはちがってきます。

飼育グッズと魚は同じ店で買うのがおすすめ。アドバイスを受けやすい。

飼育グッズ選びの実例

小型キューブ水槽

小型水槽は、必要なものがすべてセットになった商品が豊富です。ろ過は外がけフィルターが一般的。ほかに、オートヒーター、水槽のサイズにあった小さめのライトなどを準備します。砂利は好みで選びましょう。

一般的な中型水槽

幅30～40cmの中型水槽は、扱いやすく、ライトなどのグッズもそろえやすいサイズです。ろ過は外がけフィルターがポピュラーですが、上部フィルターや外部式を使ってもOK。ほかにヒーターやライトを準備します。

本格派にトライ！

幅60cm以上の水槽で、水草を楽しみたいなら、CO_2システムを使うのがおすすめ。ろ過は上部式フィルターか、ろ過能力の高い外部式フィルターがよいでしょう。CO_2システムの初期費用は1万円くらいからです。

なるほど！コラム Column グッズ類の価格の目安

飼育グッズは、いろいろな価格帯のものがあります。高価なものは性能がよい場合も多いので、一概に安価なものがいい、高価なものがいいとはいえません。予算と性能に合わせて選びましょう。

セット商品は価格が手頃ですが、自分でろ過フィルターなどを選びたいときは、単品を組み合わせたほうがよいでしょう。

価格の目安は、小型水槽のセットで3000円くらいから、中大型水槽のセットは5000円くらいからです。

ショップの人に予算を伝えよう。

水槽を選ぶ

水槽の種類

　水槽にはガラス製、アクリル製などがあります。小型から中型の水槽はガラス製がほとんどで、手頃な価格で使いやすいのでおすすめです。
　アクリル製はガラスより軽く、加工しやすいというメリットをいかして、おもに90cm以上の大型水槽に使われています。

ココがポイント！ 水槽の置き場所を決めておこう

　水槽を部屋のどこに置くのか、あらかじめ決めておきましょう。
　水槽は水と砂利を入れると、相当な重さになります。重さに耐えられる安定した場所に、水平に置くことが重要です。わずかでも傾いていると、重さが均等にかからずに水槽にヒビが入ったり、割れたりする危険性があるので注意しましょう。
　台の上に置く場合は、しっかりと強度のある台を選ぶこと。60cm以上の水槽は60～80キロもの重さになるので、水槽専用の台がよいでしょう。

水槽は安定性があり、重いものを置いても大丈夫な場所に置こう。

水槽の大きさ

　大きさはバリエーションが豊富で、17cm程度の超小型水槽からあります。どんな魚を、どのように飼いたいかによって選びましょう。大きいものは重量もあるので、扱いには注意が必要です。
　また、水が蒸発したり、魚が飛び出すのを防ぐため、水槽のサイズと合わせたフタも用意します。

水槽は幅30cm、40cm、45cm、60cm、90cmが一般的なサイズだが、最近はいろいろな大きさの水槽が市販されている。

枠がないタイプや、角がアールになっているタイプはシルエットが美しい。

キューブ水槽と呼ばれる幅17cm～22cmの超小型水槽も人気。

ろ過フィルターを選ぶ

● ろ過フィルターの役割 ●

　フィルター（ろ過装置）は、水槽内の水を循環させながらきれいにするための装置。フィルターに合わせたろ材をセットし、水をろ過して水質を保ちます。水換えも必要ではありますが、水換えだけでは一定の水質を保つことができません。

　また、ろ材の種類によっては、水質のペーハー値も変化させます。フィルターとろ材は水質に大きな影響を与える、重要なグッズなのです。

● 物理的ろ過と生物的ろ過 ●

　フィルターには、物理的ろ過と生物的ろ過のふたつの働きがあります。物理的ろ過とは、魚のフンや食べ残しのエサなど、ゴミをろ過すること。生物的ろ過とは、フンなどのゴミによって発生する有害なアンモニアを、ろ過バクテリアの働きで分解することです。

　フィルターの働きとしては、この生物的ろ過こそが重要。ろ材に自然発生したバクテリアが、魚が暮らしやすい水質を守ってくれるのです。

ワンポイントアドバイス　エアレーションの働き

　水槽の魚が、水面で口をパクパクさせているのを見たことはないでしょうか。これは、水中の酸素が不足している状態。魚は水中に溶け込んだ酸素で呼吸しているので、酸素が不足すると酸欠状態になってしまうのです。

　酸素不足を防ぐために、水中に空気を送ることをエアレーションといいます。エアポンプにチューブをつなぎ、その先につけたエアストーンから細かい気泡を水中に出して使います。

　フィルターをつけていれば、ろ過された水が空気を取り込んで水槽内に戻るので、エアレーションは不要です。一時的にトリートメント水槽（P46・151）に魚を入れるときや、夏場で水温があがったときなどは、エアレーションを利用しましょう。

●エアポンプ
エアポンプとエアストーンにつないで使う。
水中に空気を送り込む。

●エアチューブ

●エアストーン
エアチューブとつないで、水中に気泡を送り込む。

水中に空気を送るエアレーション。

飼育グッズの準備

フィルターの種類

ろ過フィルターには、外がけ式、上部式、外部式、底面式、投げ込み式、スポンジ式があります。

フィルターはそれぞれに特徴があるので、機能性だけでなく、ろ材交換の手間やセットしたときの見た目も考えて、好みで選ぶとよいでしょう。

小型水槽に便利なのは、外がけフィルター（ワンタッチフィルター）です。小型から中型の水槽用として十分なろ過能力があり、設置やろ材の交換が簡単なのがメリットです。

ろ材の役割と種類

フィルターに入れるろ材は、ろ過バクテリアを繁殖させて水を浄化する働きがあります。フィルターによって専用のろ材パックを使うものと、マットや粒状のろ材を選べるものとがあります。

ウールマットは上部式フィルターに使うもので、物理的にゴミを取る働きもあります。粒状ろ材、リング状ろ材などは、一粒あたりの表面積を多くすることで、ろ過バクテリアを繁殖しやすくしたもの。ほかに活性炭やカキ殻などもろ材として使われます。

ろ過フィルターの種類

外がけフィルター

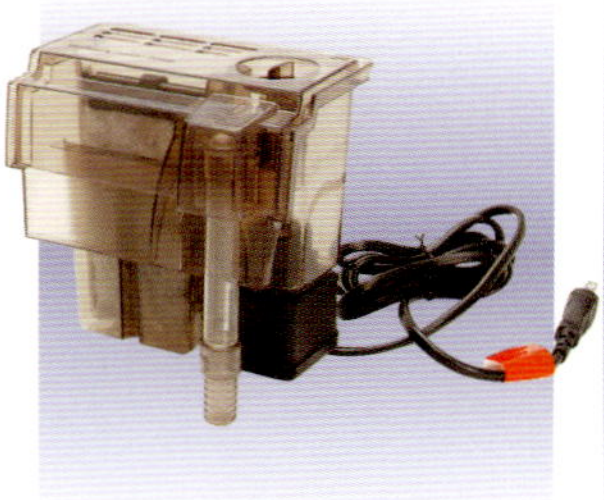

ワンタッチフィルターとも呼ばれ、専用フィルターを入れるだけで使えて扱いも簡単。小型水槽にも最適。

上部フィルター

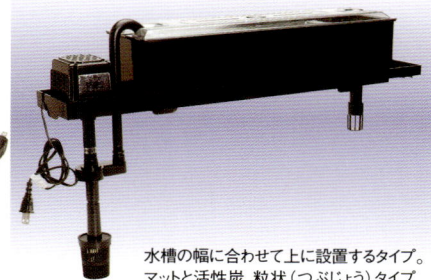

水槽の幅に合わせて上に設置するタイプ。マットと活性炭、粒状（つぶじょう）タイプなどのろ材を入れて使う。

外部フィルター

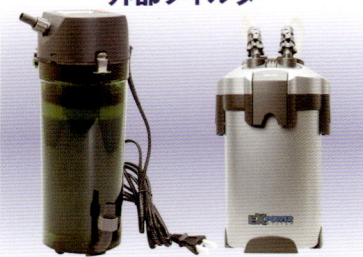

パワーフィルターともいう。大型でろ過能力が高いので、おもに45cm以上の水槽に使う。

底面フィルター

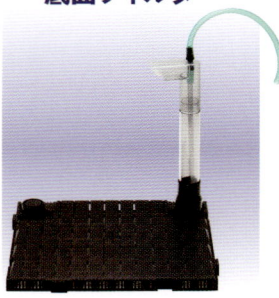

水槽の底にセットし、上に砂利を敷くことで、砂利がろ材の役割をする。

投げ込みフィルター

専用ろ材の入ったフィルターを、水槽内に沈めるタイプ。エアポンプで動かす。

スポンジフィルター

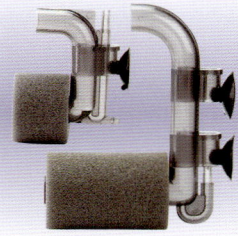

水の吸いこみ口につけたスポンジがろ材の役割をする。小さな稚魚のいる水槽に最適。

ろ材の種類

ウールマット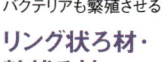
水中のゴミをとり、ろ過バクテリアも繁殖させる。

リング状ろ材・粒状ろ材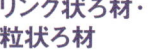
表面に無数の穴があり、ろ過バクテリアを繁殖させやすくなっている。

活性炭
水中のアンモニアなどを吸着し、水を浄化する。

カキ殻・サンゴ
水質を安定させるが、ペーハーに影響するので魚によっては向かないものもある（P26）

フィルターの仕組み

外がけフィルター（ワンタッチフィルター）

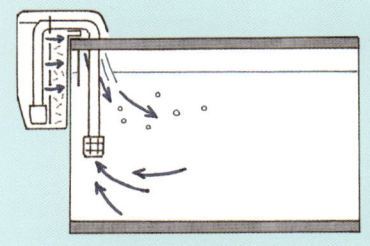

水中からポンプでくみ上げた水が、水槽にかけたフィルター本体のろ過層からあふれて水槽に流れ落ちる。本体に専用ろ材を入れて使う。

上部フィルター

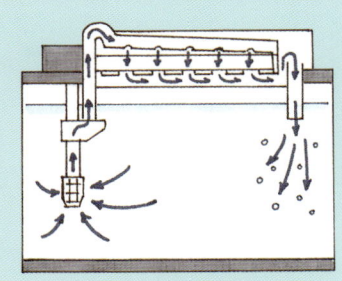

水槽の上にのせて設置。ポンプでくみ上げた水をろ過層に流し、中にセットされたウールマットやろ材を通して水槽内に戻す。

外部フィルター（パワーフィルター）

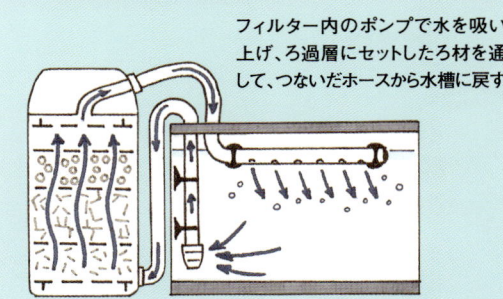

フィルター内のポンプで水を吸い上げ、ろ過層にセットしたろ材を通して、つないだホースから水槽に戻す。

底面フィルター

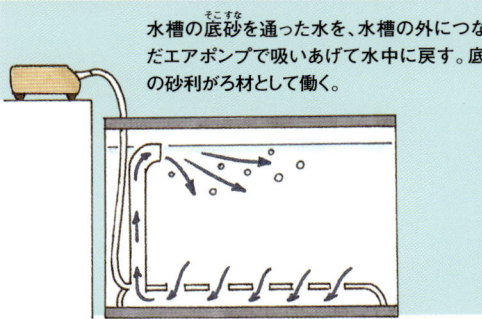

水槽の底砂を通った水を、水槽の外につないだエアポンプで吸いあげて水中に戻す。底砂の砂利がろ材として働く。

投げ込みフィルター

水槽内に入れたろ過フィルターに水を通し、水中に戻す。外に置いたエアポンプで動かす。

スポンジフィルター

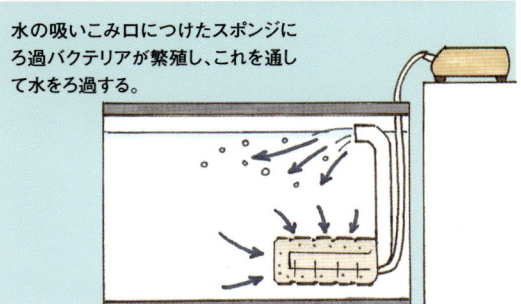

水の吸いこみ口につけたスポンジにろ過バクテリアが繁殖し、これを通して水をろ過する。

飼育グッズの準備

水温を保つグッズを選ぶ

ヒーターの役割

　熱帯原産の熱帯魚にとって、水槽の水温維持は重要なポイントです。多くの熱帯魚に最適な室温は20〜27℃。暖かな室内でも、秋から冬にかけての水温は下がるので、水槽にはかならずヒーターを設置しましょう。ヒーターのワット数は、水槽の大きさに合わせて選びます。

●水槽の大きさとヒーターのワット数

水槽のサイズ	ヒーターの目安
30cm以下	50W
45cm以下	75W、100W
60cm以下	150W

種類と選び方

　水温調節には、ヒーターと水温を感知して自動的にオン・オフができるサーモスタットを組み合わせて使います。

　ヒーターとサーモスタットが一体型のタイプが出ているので、これを使うと便利。つねに一定温度を保つシステムの簡単なオートヒーターや、好きな温度に設定できるサーモつきヒーターなどがあります。

　ヒーターは、地震などのときに水槽の外に出てしまうと危険です。水から出たら自然にオフになるように、「空焚き防止機能」がついているものを選びましょう。

オートヒーター

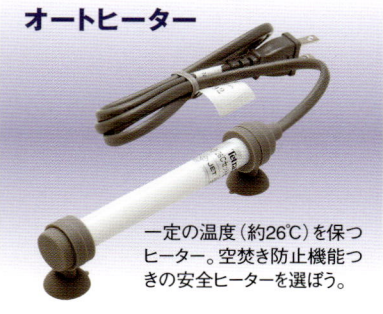

一定の温度（約26℃）を保つヒーター。空焚き防止機能つきの安全ヒーターを選ぼう。

ヒーター&サーモスタット

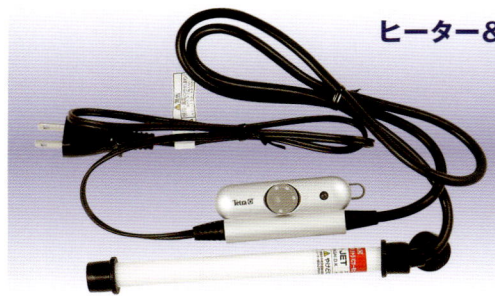

オートヒーターではない場合はサーモとセットで使う。繁殖時や病魚の治療で水温を変化させたいときはサーモとセットで使う必要がある。

ヒーターカバー

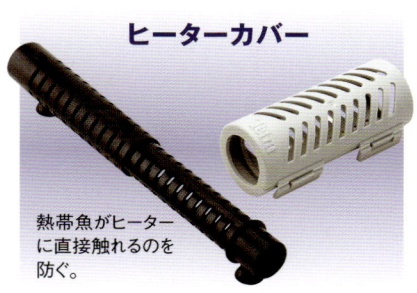

熱帯魚がヒーターに直接触れるのを防ぐ。

水温計

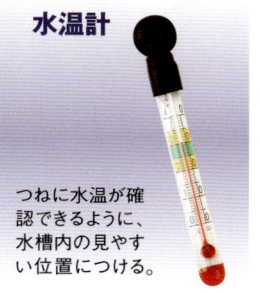

つねに水温が確認できるように、水槽内の見やすい位置につける。

ファン

夏は水温が上がりすぎるのを防ぐため、水槽用のファンをつけて水面に風をあてるとよい。

ライトを選ぶ

照明の役割

　熱帯魚水槽には照明も必要です。これは、水槽内を明るくきれいに見せるだけでなく、昼と夜の時間を作り、魚を休ませるためにも役立つのです。

　さらに、照明は水草が育つためにも重要なものです。水草も植物ですから、光がたりないと育たずに枯れてしまいます。逆に光が強すぎると、水草だけでなくコケが発生してしまうこともあります。

ライトの種類

　ライトは水槽のサイズに合わせて、水槽用の蛍光灯を使います。ワット数は水槽の大きさ、植えた水草の種類などによって決めましょう。

　水草水槽を楽しみたいときは、光量を強めにするのがおすすめです。ライトの色もさまざまな種類がありますが、一般的に魚がきれいに見えるのは、ホワイト、ブルーホワイトです。

水槽のフチにとめられる、小型水槽専用のミニライト。

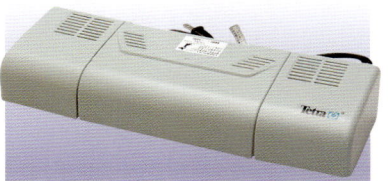

水槽に乗せるタイプは、水槽の幅に合わせて選ぶ。写真は本体がスライドして幅30～60cmまで対応できるタイプ。

蛍光灯は1本または2本セットできるものが一般的。必要な光量に合わせて選ぼう。

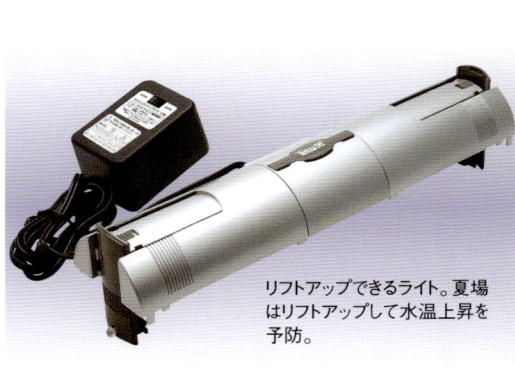

リフトアップできるライト。夏場はリフトアップして水温上昇を予防。

ライトは熱帯魚の健康のためにも大切なアイテム。水草の成長にも光量が必要。

飼育グッズの準備

砂利を選ぶ

● 砂利の役割

　水槽に底砂を入れずに熱帯魚を飼うこともできますが、砂利があったほうが魚が落ちつくというメリットがあります。また、水草を植えるなら、砂利は必須アイテム。砂利の種類によっても水草の生育に影響があります。

　さらに、砂利にはバクテリアが繁殖するので、水をろ過して水質を安定させる働きがあります。

●砂利の種類と水質への影響

弱酸性	← 　中性　 →	弱アルカリ性
ソイル	大磯砂 ケイ砂（商品による）	サンゴ砂

● 種類と選び方

　砂利にはさまざまな種類があり、中には水質に影響を与えるものもあるので、魚の種類に合わせて決めるようにしましょう。

　もっともポピュラーな大磯砂は、ほぼ中性で水質にはほとんど影響がないので、どの熱帯魚にも使えます。サンゴ砂は水質をアルカリ性にするため、弱酸性の水質を好む魚には不向きです。

　水草をメインにしたいなら、土を焼いてつくったソイルがおすすめ。肥料となる成分が含まれ、水草の生育がよいのが特徴です。

　ほかにも、粒子の大きさ、色合いなどがちがう砂利があるので、好みで選びましょう。

大磯砂（おおいそすな）
海外の海岸で採取されている。はじめて使う前には、よく洗ってから入れること。

ソイル
土を焼いて成型し粒にしたもので、水草がよく育つ。だんだんくずれて粉になるので、1年に一度すべて交換するとよい。

ケイ砂（ケイさ）
粒子が細かい砂。コリドラスのような底にいることが多く、もぐったりする魚に最適。

サンゴ砂（サンゴすな）
水質がアルカリ性になるので注意する。中性から弱アルカリ性を好むグッピー、プラティなどのメダカ、ミドリフグなどには使える。

アクセサリーを選ぶ

　水槽内をきれいに見せるため、水槽のうしろ側にはるのがバック紙です。ブルー、ブラックといった単色のものや、岩や水草写真を使ったものなどがあります。バック紙をはると熱帯魚が見やすく、水槽の美しさもアップします。

　水槽のレイアウトには、水草だけでなく流木や石を使うのもよいでしょう。そのまま飾りとして入れたり、水草を活着（かっちゃく）させて入れたりして、水槽内に変化をもたせることができます。

　流木は水槽用に売られているものを使うのがベスト。水に入れるとアクが出る場合は、1週間以上水につけてアクを抜いてから使います。

バック紙
無地だけでなく、水草や岩石などの背景が入ったものもある。

流木
水槽内の飾りにも、魚の隠れる場所にもなる。

溶岩＆石
水槽内のレイアウトに使う。

水質調整剤

　水槽の水には、水道水をそのまま使うことはできません。水作りは熱帯魚飼育のためにいちばん大切なポイントであり、初心者が失敗しやすいところでもあります。

　水槽をはじめてセットするときには、かならず水質調整剤を使って水を作りましょう。水道水には消毒のための塩素（えんそ）が含まれているので、これを無害化（むがい）する中和剤（ちゅうわ）（カルキ抜き）が必要なのです。粘膜保護剤（ねんまく）は、魚の表皮、エラを保護するもの。新しい水を使うときは、中和剤と粘膜保護剤をかならず使いましょう。

　ほかに、水のペーハー値を安定させる調整剤や、バクテリアを短時間（じかん）で繁殖（はんしょく）させるためのバクテリアのもとなどもあります。必要に応じて利用するとよいでしょう。

中和剤（ちゅうわざい）
水道水の塩素を抜く中和剤。

粘膜保護剤（ねんまくほござい）
水道水の重金属を無害化する粘膜保護剤。

水質安定剤（すいしつあんていざい）
ペーハーなどを安定させて水の悪化を防ぐ。

ペーハー調整剤（ちょうせいざい）
ペーハー値をあげさげする。

水槽をセットする

はじめての水槽セッティング

熱帯魚を入れる水槽をセッティングします。水槽内のレイアウトや機材のセットは、手順をふまえて行ないましょう。

セッティングの前に
水槽に入れる砂利などを準備

水槽に砂利や水を入れると、かなりの重量になるため移動させるのが大変です。はじめに水槽の置き場所を決め、その場所でセットしましょう。

● 水槽を洗う

セッティングに取りかかる前に、水槽は水洗いをしておきます。水槽に限らず、熱帯魚の飼育グッズを洗うときは、絶対に洗剤などを使わないように注意しましょう。

● 砂利・流木を洗う

大磯砂やケイ砂などの砂利は、流水でしっかり洗います。水が汚れなくなるまで、きちんと洗うこと。ソイルは洗うとくずれてしまうので、そのまま使います。

レイアウトに流木や石を使うなら、これも水でよく洗っておきましょう。

砂利を洗う

砂利は水を流し入れながら、米をとぐように力を入れて洗う。

洗っても水が汚れなくなってくるまで、しっかりと洗うこと。

流木を洗う

水につけるだけで水が茶色になる流木は、水洗いが必要。

水の色が変わらなくなるくらいまで、タワシなどでこすり洗いをする。

バケツの水につけておけば、自然にアクを抜くこともできる。

水槽セッティングの手順

上部フィルターを使う場合を例にしてセッティングの方法を紹介します。

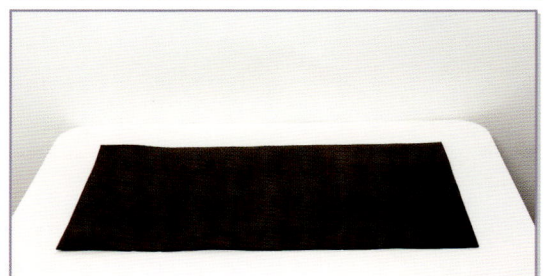

1 水槽を置く場所に、水槽の大きさのマット（発泡スチロール、ゴムマットなど）をしく。

2 マットの上に水槽を置く。安定感がよくなり、ゴムマットならすべり止め効果もある。

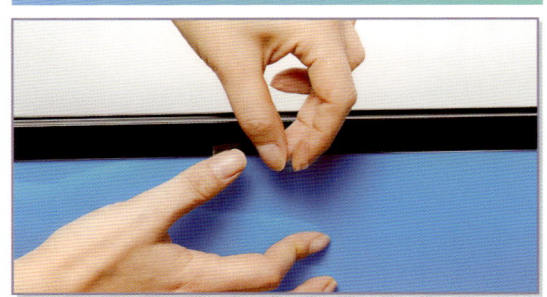

3 水槽の裏側にバック紙をはる。裏からセロテープではりつけるとよい。

4 砂利を少しずつ入れる。バケツなどから一気に入れると、底にヒビが入ることがあるので要注意。

5 砂利をきれいにならす。前を低く、奥のほうを高くするとよい。

6 レイアウトを考えて石をおく。石で砂利をせきとめて、段差を作ると変化が出る。

※水槽をセッティングするときは、かならず取り扱い説明書をよく読んでください。

水槽をセットする

7 水槽に上部フィルターをのせ、ろ過層にろ材を入れる。写真では、活性炭（かっせいたん）と粒状（つぶじょう）ろ材を、それぞれネットに入れて使用。

8 活性炭、粒状のろ材の上に、ウールマットを2枚入れる。

9 フィルターのフタをする。電源はまだ入れないでおくこと。

10 ヒーターを入れる。水槽のすみのほうの砂利（じゃり）の上に置く。

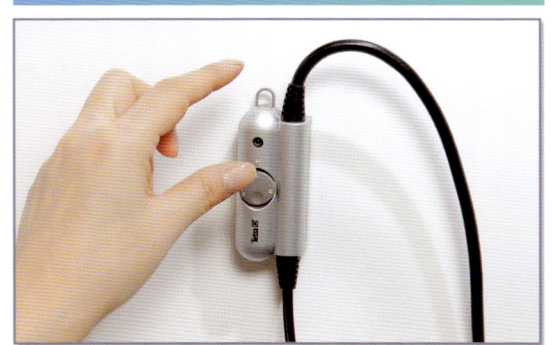

11 ヒーターとつなげたサーモスタットをつける。

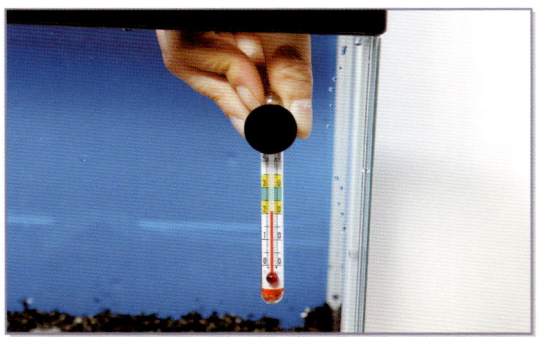

12 水槽のガラス面に、外から見やすいように水温計をつける。

13 水槽の3分の2くらいまで水を入れる。小皿でホースの水を受けるようにすると、砂利をくずさずに入れられる。

14 お湯をガラスにかからないように入れ、水温が26℃程度になるように調整。水の量は、水槽の上から7〜8cmくらいにしておく。

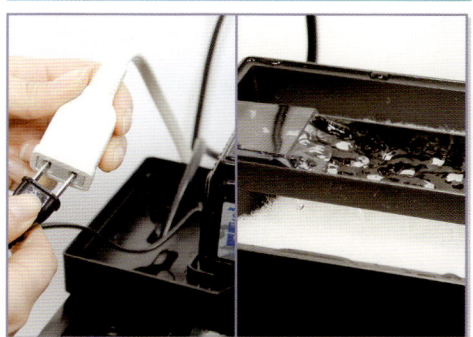

15 フィルターの電源を入れる。コンセントは水槽の水がかかる危険がない位置がベスト。

16 水質調整剤（カルキ抜き、粘膜保護剤）を入れる。

17 ヒーターも電源を入れる。このまま1〜2時間まわすと、白くにごっていた水が透明になる。水温が26℃前後かチェック。

コラム これはNG 魚をすぐに入れたら死んじゃった!?

　熱帯魚の飼育の失敗でいちばん多いのが、セットしたての水槽に魚を入れること。

　セットしたばかりの水槽は、まだ魚が飼える環境ができていません。そこへ魚を入れると、死んでしまう確率がとても高くなるのです。

　水槽をセットしたら、ろ過フィルターをつけて1週間ほど水をまわし、自然にバクテリアが発生するまで待ちましょう。それから魚を入れるのが成功への近道です。

PART 1　飼育グッズの準備とセッティング　水槽をセットする

水槽をセットする

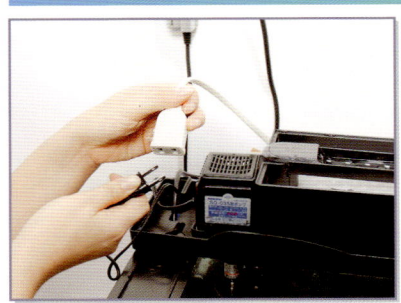

18 1〜2時間水をまわしてから、水草を植える作業のためにヒーターとフィルターの電源をオフにする。

19 水草を砂利に差し込むように植える（買ってきた水草の下処理はP126参照）。ピンセットで根元をつまむか、手で植えてもよい。

20 水槽内の位置を確認しながら、流木を置く。

21 温度を合わせておいた水をたし、水槽のフチから3〜4cmまで水位をあげる。

22 フタをして、ライトをセットする。

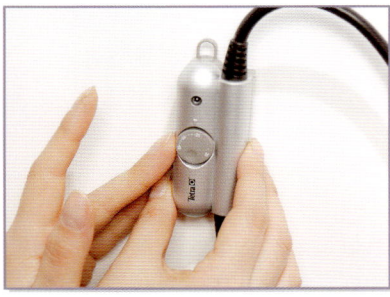

23 ヒーターの電源を入れ、26℃に設定する。

24 フィルターの電源を入れ、この状態で1週間まわしておく。ライトは1日7〜8時間つける。

25 1週間後、水槽のゴミをすくってきれいにしてから魚を入れる（魚の入れ方はP47）。

セッティング完了！

セッティングの手順 ［外がけフィルター］

1 水槽を水洗いする。水槽の下にマットをしく。

2 洗っておいた砂利を、少しずつ入れる。

3 砂利をならして、手前を低く奥を高くする。

4 外がけフィルターを水槽のフチにかけ、ろ過槽にろ材を入れる。

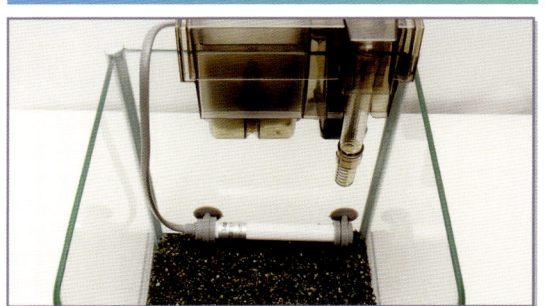

5 ヒーターを水槽の底にセットしたら、水を入れて水温を26℃に合わせ、流木や水草を入れる。

6 フタをしてライトをセット。フィルターのろ過層に水を入れ、電源を入れる。

セッティングの手順
［底面フィルター］

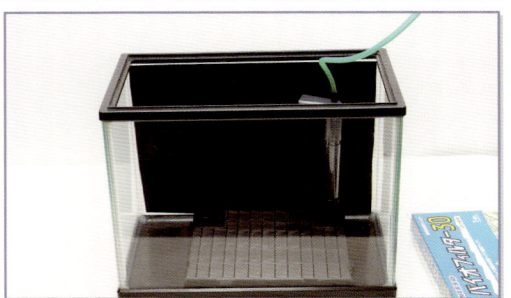

1 水槽を水洗いする。底面フィルターとエアチューブをつなぎ、水槽にセットする。

2 底面フィルターのチューブとエアポンプをつなぐ。エアポンプは水槽より高い位置におくか、逆流防止弁（ぎゃくりゅうぼうしべん）をつける。

3 フィルターの上に砂利（じゃり）を入れる。水温を合わせた水を入れ、電源を入れる。

セッティングの手順
［外部フィルター］

1 外部フィルターにろ材を入れる。セットになっているもの、別売りのものがある。

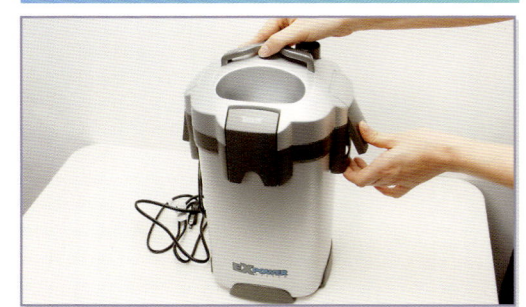

2 フィルターのフタをする。チューブにつなぐ。

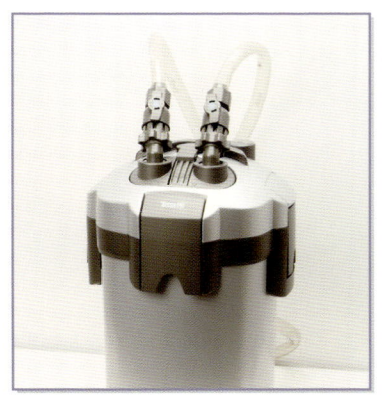

3 フィルターに排水、給水チューブをセット。水槽に吸い込み口、ホース、チューブをつないでセットし、電源を入れる。

セッティングの手順 ［アクアテラリウム］

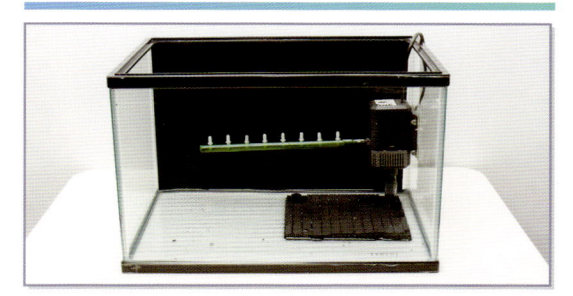

1 底面フィルターを水槽に入れ、水中ポンプとパイプをつないでセットする。

2 砂利を入れ、石や流木をパイプが隠れるようにセットする。はじめにできあがりのイメージをスケッチしておくとよい

3 パイプの穴に1本ずつチューブをセット。CO_2用耐圧（たいあつ）チューブが扱いやすくおすすめ。チューブに銅線を入れる

4 チューブから出る水が流木をぬらすように、できあがりをイメージしながら銅線で流木に固定。テグスを使ってもよい。

5 排水チューブをそれぞれ同じように流木に固定する。

6 流木にウィローモスをのせる。水を水色の線まで入れて水草を入れ、ヒーターを流木のうしろにセットし、電源を入れる。リフトアップライト（P25）がおすすめ。

魚に合う水づくり

熱帯魚にはどんな水がいい？

熱帯魚を飼育する水は、水温だけでなく水質管理に気をつけなければいけません。どんな水質が熱帯魚に合うか知っておきましょう。

水質について
熱帯魚に適した水を用意しよう

　熱帯魚を健康に育てるには、魚に合った水質を保つことが大切な条件です。その熱帯魚がもともとはどんな原産地にすむ種類なのか、どんな水温、水質を好むのかを知っておきましょう。

　淡水魚といっても河にすむ種類、海に近い汽水にすむ種類などによって適する水がちがいます。ペーハー値による酸性、アルカリ性も水質の目安となるので、水づくりの参考にしましょう。

初心者向けの多くの熱帯魚は弱酸性の水質が適している。

熱帯魚の出身地と分布

　熱帯魚の3大出身地は、南米のアマゾン、東南アジア、アフリカ大陸です。

　一般的にショップで見られる熱帯魚の6〜7割はアマゾン河を原産とする魚。ネオンテトラなどのカラシンの仲間もアマゾン原産で、弱酸性の水が適しています。ラスボラなどのコイの仲間、グラミーなどアナバスの仲間は東南アジア産で、やはり弱酸性の水を好みます。アフリカ産の魚や汽水にすむ魚は、アルカリ性の水が適しています。

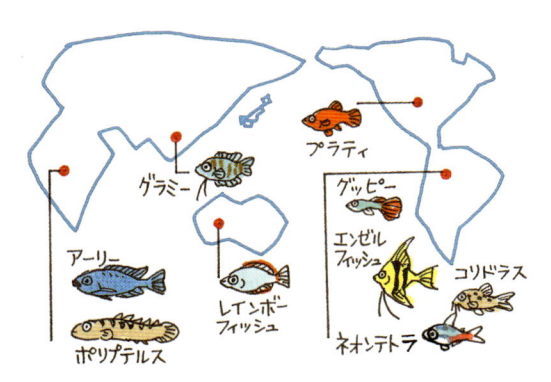

水槽の生態系
生きたバクテリアが水質を保ってくれる

　本書では、むずかしい水づくりが必要ない熱帯魚を紹介しています。水道水は、水質調整剤を入れて水温調整をすれば熱帯魚飼育に使えます。

　水槽内の水は魚のフンなどで汚れますが、ろ過フィルターの働きで、ある程度までは、水質を保つことができます。

● 水がきれいになる仕組み

　ろ過フィルターは水槽内の水を循環させ、水が汚れるのを防ぎます。水を動かすことで新鮮な空気を取り込み、水が浄化されるのです。

　水槽内の水がフィルターを通ると、魚のフンや残ったエサ、枯れた水草、コケといったゴミがこされて物理的ろ過が行なわれます。

　さらに、生物的ろ過がされるのですが、このために大切なのがバクテリアです。水槽内のゴミは魚に有害なアンモニアを発生し、これが水質悪化の原因となります。ろ材に繁殖したバクテリアは、このアンモニアを無害な硝酸塩という物質に分解してくれるのです。

水槽の中で小さな生態系が作られる。

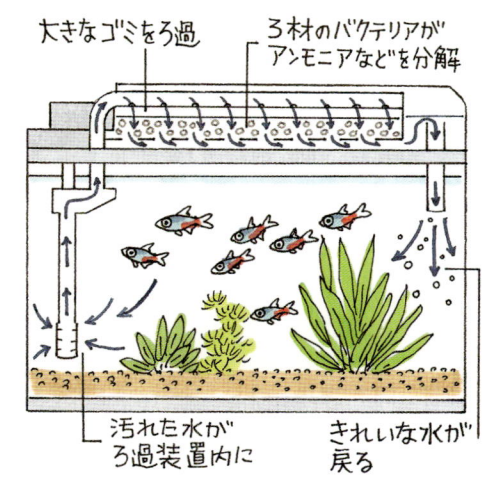

大きなゴミをろ過　ろ材のバクテリアがアンモニアなどを分解
汚れた水がろ過装置内に　きれいな水が戻る

こんなときはどうする？
水がにごってしまったら

　水槽を新しくセットしたとき、水が白くにごってしまうことがあります。これは砂利の影響などによることが多いのですが、しばらくろ過フィルターをまわすと、にごりはなくなります。

　にごりがひどいときや、なかなかにごりがとれないときは、一度水を抜いて入れなおしてみましょう。または、市販品でバクテリアのもとがあるので、これを入れるのもいいでしょう。

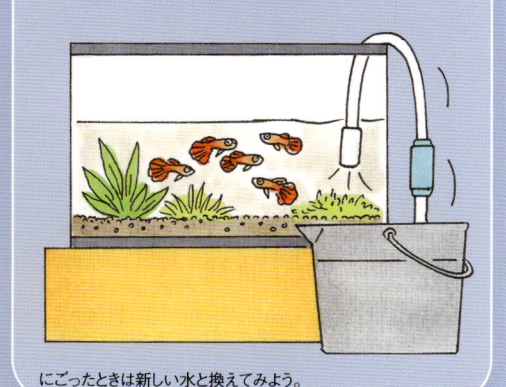

にごったときは新しい水と換えてみよう。

名アクアリストへの道！

ビギナーでも大丈夫！
熱帯魚飼育のポイント

熱帯魚の飼育はむずかしいと思っていませんか？
でも、基本を守れば大丈夫。
はじめは飼育が簡単な魚や水草からスタートしましょう！

なれてくると、水を見ただけで水の状態がわかるようになる。

POINT 1　魚より先にグッズをそろえる

早く熱帯魚を買いたいとは思いますが、まずは飼育グッズをそろえるのが先。
セット後の世話の仕方を考えて水槽の置き場所を決めるなど、しておくべきことはいろいろあります。

POINT 2　最初が大切！セッティングはカンペキに！

熱帯魚は水槽内の環境がすべて。適正な環境を作るために、はじめのセッティングは手抜きしないでカンペキにしたいものです。
水槽やグッズは洗剤などを使わずに水で洗い、砂利や流木も十分に水洗いしておくこと。手順通りにセットしたら、ろ過フィルターをまわして水を作ります。
水温、水質の条件を整えてから、はじめて魚を水槽へ。このときも急に入れずに、水合せをすることが大切です。水槽に手を入れるときは、手をよく洗うこと。化しょう品や石けんなどにも注意。殺虫剤などは水槽のそばで使わないようにします。

POINT 3　よくばらない！魚は少なめが基本ルール

初心者が失敗しがちなのは、いろいろな種類を飼いたいと、魚を入れすぎること。魚が多いと水質悪化が早くなるだけでなく、ケンカしたり、追い回されてエサが食べられない魚も出てきます。熱帯魚を水槽に入れてみて、少しさみしいと思うくらいの数におさえましょう。

POINT 4　毎日の世話をきちんとする

熱帯魚の飼育で毎日するべき、基本の世話は3つ。①エサをあげる、②照明のオン・オフをする、③魚と水、飼育グッズの状態をチェックする、以上の3つです。
①のエサは、量をあげすぎないようにすることが大切。②はタイマーを使うのもよいでしょう。もっとも注意すべきは③の観察。定期的な水換えやそうじも、これによってタイミングがわかるようになります。

魚は水槽に対して少なすぎるくらいでちょうどよい。

PART 2

魚の迎え方と混泳テクニック

熱帯魚を買いに行く

よい熱帯魚を買うポイントは？

水槽の準備がととのったら、いよいよ熱帯魚を買いに行きます。健康な熱帯魚がいるショップで元気できれいな魚を選びましょう。

ショップを選ぶ
熱帯魚を買うためのよいショップ選びとは？

　熱帯魚飼育を成功させる大切なポイントは、健康な魚を買うことです。そのためには、状態のよい魚を置いている「よいショップ」を選ぶことが重要。水槽がきれいで元気な熱帯魚が泳ぎ、きちんと管理されていることが大切です。

　知識が豊富で、魚の特徴や飼育のポイントなどにもくわしいスタッフがいれば、よいショップといえるでしょう。

健康な魚を扱っているショップを選ぼう。

飼育アドバイスを受けよう

　飼育グッズや魚を買うとき、熱帯魚の飼育について質問してみましょう。親切にアドバイスしてくれる店なら、その後も相談できて安心です。

ワンポイントアドバイス
魚の「トリートメント」って、何をするのかな？

　熱帯魚のショップで、「トリートメント中」と表示された水槽を見たことはありませんか？

　これは入荷した魚を、薬を入れた水槽で調整しているところ。入荷（にゅうか）したての魚は移動で弱っていたり、病気や寄生虫の心配もあるので、よい状態にトリートメントしてから販売するのです。

　入荷直後でトリートメントされていない魚を買うと、飼育に失敗する可能性も高いので注意しましょう。

魚を選ぶ
飼いたい種類を決めて健康な魚を選ぼう

熱帯魚を選ぶときは、健康状態を見極めることが大切です。健康な魚は見た目にも美しく、その種類本来の色や模様がきれいに出ています。

体表やヒレが傷ついていたり、部分的に変色が見られる、斑点があるなど、弱って見える魚は避けましょう。

● **水槽全体をチェック**

熱帯魚の病気は、水槽全体に感染します。病気の魚がいる水槽からは、選ばないようにしましょう。よいショップであれば、病気の魚を見分けて別の水槽で管理しているはずです。

また、熱帯魚の水槽に水草が植えられてきれいに育っているときは、水質がよいしるしです。こうした水槽の魚は安心して買うことができます。

こんな魚はダメ！

- 体表にツヤがなく、色が汚い
- 体表に、斑点が出ている
- 体表に虫がついている
- ヒレの先が白っぽい、とけている
- ウロコが立っている
- 背が曲がっている
- 目やエラがはれている
- エラを激しく動かしている
- お腹がふくらみすぎ、またはへこみすぎ
- 泳ぎ方がおかしい

ショップで熱帯魚を選ぼう。自分ですくわせてくれる店もある。

魚は早めに持ち帰る。寒い時期は新聞紙で包んだり、使い捨てカイロで保温を。

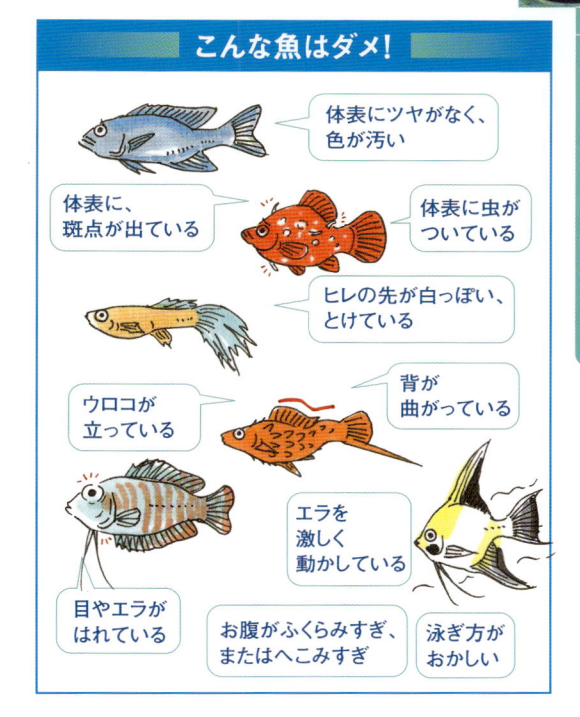

なるほど！コラム Column
熱帯魚は何年くらい生きるのか？

熱帯魚は水槽の環境が適切に整っていれば、長生きさせることができます。寿命は種類によってちがいますが、グッピーなどの卵胎生（らんたいせい）メダカは約1～2年。ネオンテトラなど、そのほかの小型熱帯魚は3～4年が目安。大型の熱帯魚は、10年以上生きるものもいます。

ネオンテトラやコイの仲間など、小型魚の寿命は約3～4年。

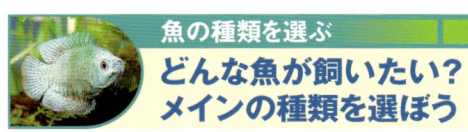

熱帯魚の混泳
水槽に入れる熱帯魚の組み合わせ

熱帯魚は種類や相性によって、同じ水槽で飼えるもの、飼えないものがあります。混泳させても大丈夫な組み合わせとは？

魚の種類を選ぶ
どんな魚が飼いたい？メインの種類を選ぼう

はじめて熱帯魚を飼うときは、1種類だけを飼うより、同じ水槽に数種類の熱帯魚を飼う人が多いでしょう。

まず、メインにしたい魚の種類を決め、次にその魚と混泳できる種類を選びます。

相性（あいしょう）が悪い種類を入れてしまうと、ケンカしたり、攻撃されて弱ってしまうこともあります。

混泳できる条件は？

混泳させる種類を選ぶ基本は、魚の大きさを合わせること。せまい水槽では、小さい魚が食べられる危険性もあるので要注意！　小型魚と大型魚では、食べられるエサの大きさもちがいます。

また、攻撃性があったり肉食性の強い種類、ほかの魚のヒレをかじったりする種類は混泳できません。さらに、水質や水温などに関して、同じ環境（かんきょう）を好む種類を選ぶことも重要です。

ONE POINT ワンポイントアドバイス
魚がケンカするときの解決法

魚同士がケンカをしたり、ほかの魚を追い回していませんか。相性が悪い魚は別にするのがベストですが、ちょっとした工夫で混泳できることもあります。

まず、水草を増やして魚が隠れられる場所を作りましょう。水槽内が区切られ、ケンカ防止にもなります。同じ種類の魚の場合は、数を増やすのも効果的。2匹よりも3匹のほうが、ケンカしにくくなります。

水草を増やすとケンカ予防になる。

混泳のポイント
水槽の見た目も考えて混泳させる種類を決める

　魚の大きさや飼育環境が合い、混泳しやすい種類の中では、魚の色や形なども考えて好みで選びましょう。主役の魚を全体の7割くらいにして、脇役（わきやく）を1〜2種類入れると見た目がきれいです。

　さらに、魚の種類によって泳ぐ場所が異なるので、この性質を利用して、うまく組み合わせてみましょう。小型熱帯魚の多くは、水槽の中間部分を泳ぎます。したがって、脇役に水面近くを泳ぐハチェットや、水底にいることが多いコリドラスの仲間などを加えると、水槽内にまんべんなく魚が散ってきれいに見えるのです。

シルバーハチェット
水面近く、上のほうを泳ぐハチェットを入れると、水槽がにぎやかな印象になる。

コリドラス
コリドラスはおもに底にいて、沈んだエサなどを食べている。

なるほど！コラム Column
水槽内のマスコット　コケを食べる仲間

　熱帯魚を飼っていると、水草やガラス面にコケが発生することがあります。まめな手入れで防ぐことも可能ですが、コケを好んで食べる魚などを入れると、有効なコケ防止対策になります。

　コケを食べる種類の代表は、ナマズの仲間のオトシンクルスやエビの仲間。どちらも性格がおとなしく、小さな熱帯魚との混泳ができるのでおすすめです。オトシンクルスはガラスにはりついてコケを食べ、エビは水草についたコケを食べてくれます。

　ほかにもモーリー、石巻貝などが、コケとり役としておすすめです。

オトシンクルス　**モーリー** 　**石巻貝** 　**ヤマトヌマエビ**

熱帯魚の混泳

おすすめの組み合わせ

美しい水槽が作れるおすすめの組み合わせ。混泳(こんえい)水槽の例を紹介します。

ネオンテトラと仲間たち

ネオンテトラを代表とする群れで泳ぐ小型カラシンは、混泳におすすめの仲間。小型カラシン同士は、どの種類を混泳させても大丈夫。カラフルな水槽が楽しめます。

魚の例　ネオンテトラ、インパイクティスケリー、ラミーノーズ・テトラ、シルバーハチェット、石巻貝

グッピーとメダカの仲間

グッピーを中心に、プラティとモーリーを入れた組み合わせ。脇役はコリドラスです。メダカの仲間は混泳させやすい種類ですが、繁殖させたいときは同種だけで飼いましょう。

魚の例　グッピー、プラティ、モーリー、コリドラス

ラスボラとカラシン

コイの仲間の中でも混泳に向いているのが、ラスボラです。攻撃性がないので、小型カラシンと混泳させても大丈夫です。オトシンクルスはコケ取りのマスコット役です。

魚の例　ラスボラ、グリーン・ネオンテトラ、オトシンクルス

グラミーとカラシン

グラミーは、あまり大きくならない種類をオスメスのペアで入れます。脇役には性格がおとなしいカラシンがおすすめです。コケそうじ役のエビを入れた混泳水槽。

魚の例　グラミー、プリステラ、ヤマトヌマエビ

おすすめの組み合わせ

小さなエンゼル・フィッシュとソードテール

エンゼル・フィッシュは全長約12cmまで成長し、小型魚を食べることもあります。子どもはまだ5cmほどのサイズなので、大きく育ったソードテールとの混泳が可能です。

魚の例 エンゼル・フィッシュ、ソードテール、コリドラス

エンゼル・フィッシュは大きく成長する。ケンカをする場合は水槽を分ける。

ワンポイントアドバイス

混泳に注意が必要な熱帯魚たち

　熱帯魚の中でも、ほかの魚に対して攻撃性がある魚は要注意です。

　たとえばコイの仲間のスマトラは、体が小さく模様が美しいので混泳向きに見えますが、とても活発な魚です。ほかの魚のヒレをかじる傾向があるので、グッピーやエンゼル・フィッシュとの混泳は避けるようにしましょう。フグも攻撃性があり、水質も違うのでほかの種類との混泳はできません。

　また、熱帯魚には、群れで入れるよりペアや単独で飼うほうがいい種類もあります。グッピーやモーリーなどの卵胎生メダカは、ペア単位で飼うと落ち着きます。グラミーの仲間は単独、またはペアで入れるのがおすすめ。小型のエンゼル・フィッシュは、2匹より3匹以上がよいでしょう。

スマトラはヒレをかじるので、ヒレが長い種類との混泳はNG。

モーリーはペアで入れて、自然に繁殖するのを楽しもう。

活発なエンゼル・フィッシュは、3匹以上で入れるのが理想的。

PART2 魚の迎え方と混泳テクニック / 熱帯魚の混泳

成功する水合わせ

ここが肝心！
水槽に魚を入れよう

いよいよ準備した水槽に熱帯魚を入れます。
熱帯魚飼育の最初の難関はここ！
初心者でも安心な、成功する水合わせ法を
覚えておきましょう。

水合わせの必要性
魚を水槽に入れるときは かならず水合わせしよう

　水合わせとは、水温や水質を少しずつならしていくこと。熱帯魚は水質の変化に弱いので、急にちがう水の中に移してはいけません。

　買ってきた魚を水槽に入れるときは、かならず少しずつならすことが重要です。この水合わせをきちんとしないと、魚が死んでしまう確率が高くなります。

失敗しない水合わせ

　魚が家にきたら、まず水温を合わせます。魚が入ったビニール袋ごと水槽に浮かべましょう。

　次に水槽の水を少しずつ袋に移し、家の水槽の水質にならしていきます。水槽の水とショップの水は、水質がちがうことが多いので、この作業がとても大切。

　水合わせは、熱帯魚飼育を成功させる最初のハードルです。あせらず、慎重に行ないましょう。

ワンポイントアドバイス
買ってきた熱帯魚の トリートメントについて

　家の水槽に新しく魚をたすときは、新しい魚が病気だと、ほかの魚まで死んでしまうことがあります。それを防ぐには、水槽に入れる前に魚をトリートメント（P40）すると安心です。

●トリートメントのしかた

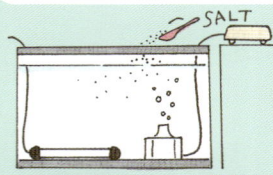

1 小型水槽にヒーターと投げ込みフィルター（活性炭は使用しない）をセット。水3Lに対して自然塩小さじ1と、薬（グリーンFゴールドなど）を表示量入れる。

2 水合わせして魚を入れ、約10日薬浴（やくよく）。10日後、魚が健康なら半分水換えして薬の濃度を薄くし、さらに10日薬浴。その後、水槽に水合わせをして入れる。

水合わせの手順

1 水槽のライトとフタをどかし、買ってきた熱帯魚をビニール袋の口を閉じたまま、袋ごと水槽に入れる。

2 そのまま30分くらい浮かべて水温を合わせる。

3 袋の口を開けて、水槽に浮かべるようにフチにとめる。魚が袋から飛び出さないように注意。夏は酸欠に気をつけ、長時間放っておかないこと。

4 水槽の水を少し袋に入れ、約5分おく。5分おきに5回ほど水槽の水を入れる。途中、袋の水がいっぱいになったら少し捨てる。

5 魚を袋からすくい、水槽内に入れる。このとき、袋の中の水は入れないこと。

6 水槽の水が減った分だけ、水温を合わせた新しい水を入れて完了。

※当日はエサをあげないこと。1日たって魚が落ちついたら少しずつ与えよう。

名アクアリストへの道!

どうなっているの？
熱帯魚の体のしくみ

魚の体はどうなっているのか、各部の名称やしくみを知っておくと、飼育にも役立ちます。

CHECK 体のしくみはどうなっている？

魚の体でもっとも特徴的なことといえば、やはりエラを使った呼吸法。通常、エラと呼ばれている部分は正しくはエラブタで、その中にある器官のエラで水中の酸素を取り込みます。

例外的に口でも直接空気を吸えるのが、ベタやグラミーなどアナバスの仲間。迷宮器官という特殊な器官を持っているため、水中の酸欠に強くせまい水槽でも大丈夫なのです。

体に入った側線も魚独特の器官で、水中の音や動きを感じる働きがあります。

CHECK 熱帯魚の色や体型の秘密

熱帯魚の種類によって、体型もさまざまですが、これは泳ぎ方や生息環境に合わせたもの。小型の熱帯魚など、すばやく泳ぐ魚たちはムダのない形が基本。せまく障害物のある場所を泳ぐ魚は平たい形が多く、砂にもぐる魚は上下に平らな形をしています。

熱帯魚たちのカラフルな色は、状態がよいときほど鮮やかに出るもの。夜中に急にライトをつけて明るくすると、しばらくは色が白っぽくなっていることもあります。

魚の種類によっては、体色を鮮やかに出すための「色揚げ用」と呼ばれるエサもあります。

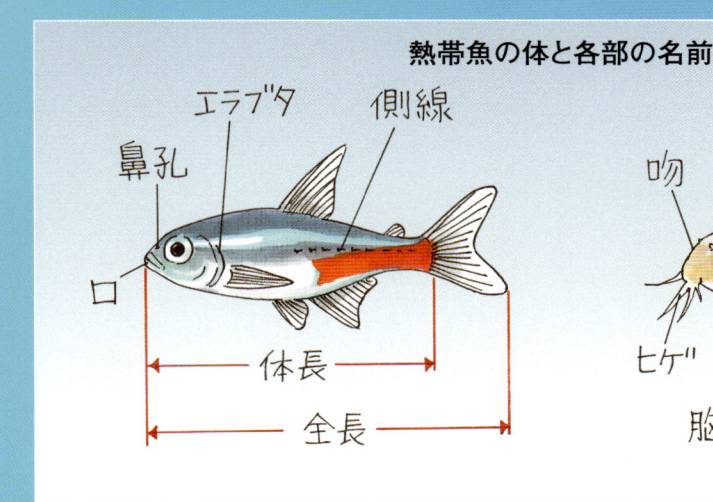

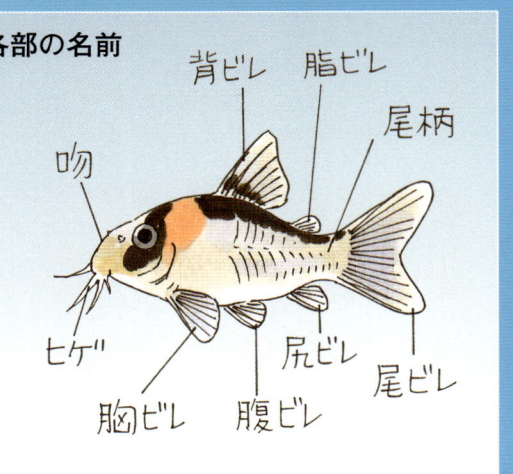

熱帯魚の体と各部の名前

鼻孔　エラブタ　側線　背ビレ　脂ビレ　尾柄
口　吻　ヒゲ　胸ビレ　腹ビレ　尻ビレ　尾ビレ
体長　全長

PART 3
エサやりと水槽のメンテナンス

熱帯魚のエサやり

健康に育てる エサのあげ方

熱帯魚のエサにはいろいろな種類があります。
魚の種類に合わせてエサを選び、
元気に育てる量や回数を知っておきましょう。

熱帯魚の食性
肉食？ 草食？ 雑食？ 熱帯魚が好むエサを知る

　野生の熱帯魚たちは、虫や魚、植物などを食べています。小型から中型の熱帯魚の多くは、魚や昆虫、水草、コケなどを食べる雑食性の魚です。

　肉食性の魚は、小型の魚も含め動くものをエサと認識して食べる傾向にあります。雑食性の魚でも稚魚や小型魚を食べるので、混泳には注意しましょう。

　熱帯魚の中で草食性が強いのは、オトシンクルスやエビなどで、コケや水草をよく食べます。

小型種の多くは雑食性だ。

エサの種類
市販の熱帯魚用飼料を中心に与えよう！

　熱帯魚のエサはさまざまな配合飼料が市販されています。基本的にどの種類も配合飼料を主食にして飼うことができます。

　エサは植物性が多いもの、動物性が多いものなど、内容はいろいろ。水に浮くタイプと沈むタイプ、粒状、フレーク状などのちがいがあるので、魚の習性によって選びましょう。配合飼料のほかに、冷凍飼料、フリーズドライ飼料も手軽に入手可能。ほかにイトミミズなどの生き餌があります。

いろいろなエサの中から合うエサを選ぼう。

エサの種類

人工飼料

フレークタイプ

薄いフレーク状のエサで万能タイプ。ゆっくり沈むため、どんな種類の魚も食べやすい。

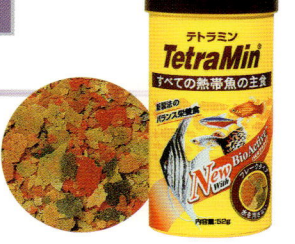

タブレットタイプ

底にいるコリドラス用など。底に沈むタイプ。

粒状タイプ

小型熱帯魚用などがある。

種類別エサ

グッピー用、カラシン用、エンゼル・フィッシュ用など、種類に合わせたエサもある。

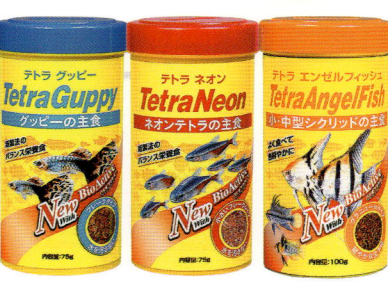

動物性飼料

生き餌

生きたイトミミズは、どの熱帯魚も好んで食べるので副食としてあげてもよい。

冷凍アカムシ

ユスリカという蚊の幼虫を凍らせたもの。肉食性が強い種類に与える。

乾燥飼料

ミジンコなどをフリーズドライにした飼料もある。

その他のエサ

ほうれん草

エビなど草食性の高い種類には、軽くゆでたほうれんそうをあげるのもよい。農薬に注意し、よく水洗いすること。ゆでて小分けし、冷凍保存が便利。

熱帯魚のエサやり

エサの回数と量
回数は1日1〜2回、食べきる量をあげよう

　熱帯魚のエサは、毎日あげるのが基本。1日1回、または2回で、1〜2分で食べきれる程度の量をあげましょう。1日2回に分けて与える場合は、1日1回の場合の半量ずつを与えること。

　エサが多すぎると、食べ残したエサが水質を悪化させ、魚の健康を害する原因になります。魚がエサに興味を見せなくなっても水槽に残っているときは、あげる量が多すぎます。

　旅行で留守にする場合は、自動的にエサを水槽に入れるタイマーを設置するのがベスト。小型魚は1〜2日程度はエサ抜きでも大丈夫です。

なれるとエサやり時に魚が寄ってくるようになる。

混泳水槽のエサやり

　混泳水槽では、動きが遅い種類の魚がエサを食べにくいこともあります。そんなときは、粒状よりもフレークタイプのエサがおすすめ。ゆっくりと沈むため、すべての魚にエサが行き渡りやすいのです。また、底のエサしか食べない魚のためには、沈むタイプのエサも併用してください。

コリドラスなど底にいる魚は、エサの残りを食べるが、専用のエサも合わせて使うとよい。

ワンポイントアドバイス
イトミミズをあげてみよう！

　イトミミズ（イトメ）は、魚が好んで食べる生き餌です。エサは人工飼料だけでもOKですが、繁殖時はイトミミズを与えるのもよいでしょう。

　イトミミズは熱帯魚や金魚ショップで販売されています。買ってきたら浅く水を入れたプラケースなどに入れ、エアレーション（P21）をして保存。1週間以内に使い切りましょう。

イトミミズ専用のエサ入れを使うか、小皿などに入れて底に置く。

上手なエサやりのポイント

量に注意!

エサはあげすぎないように注意。1～2分で食べきれる量だけをあげること。

あげる人、時間を決めよう

何度もエサをあげないように、家族の中で誰が何時にエサをあげるか決めておく。

健康チェックをしよう

毎日のエサやりのときに、魚の様子を観察して健康状態をチェックする。

エサの保存法

人工飼料は開封すると湿気（しっけ）などでいたむので、早めに使い切ること。密閉（みっぺい）容器で冷蔵保存するとよい。

水槽の水換え

定期的な水換えで よい環境を保とう

まめに水質やグッズのチェックをして、魚が元気でいられるようにしましょう。飼育水は、定期的に水換えをして、魚が快適に暮らせる環境を守ります。

水槽のチェック
水槽と魚の様子は毎日観察しよう!

魚の健康をもっとも大きく左右するのは、水槽の水の状態です。水はいつもきれいに、魚が暮らしやすい環境を保ちましょう。

水温や水の汚れ、魚が元気に泳いでいるか、毎日チェックすることを習慣づけましょう。

水の汚れは病気の原因になる。透明度や汚れをこまめにチェック。

なるほど!コラム Column
飼育グッズのメンテナンスと寿命

水槽の飼育グッズは、定期的なメンテナンスが必要です。説明書を読み、ろ過フィルターのポンプなど機能性が落ちていないかチェックを。

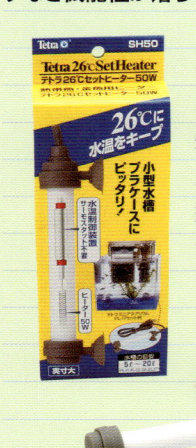

ヒーターは水温を維持するために重要なグッズです。1年を目安に交換を。蛍光灯は2年くらいもちますが、だんだん暗くなってくるので、約1年で交換するのがおすすめです。

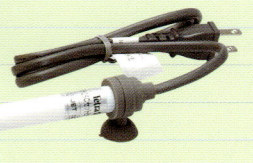

ヒーターや蛍光灯は寿命を迎える前に交換する習慣をつけよう。

毎日のチェックポイント

ライトのオンオフ

タイマーを使っていない場合は、手動でライトのオンオフを。1日の点灯時間は8〜10時間が目安です。

水温の確認

毎日のエサやり時に、水温計をチェック。夏場は水温の上がりすぎに注意し、必要ならファン（P64）をつけます。

魚の状態

魚が元気に泳いでいるか、体が傷ついたり病気が出ていないか、どの魚もエサをちゃんと食べているか。死んだ魚がいたら出すこと。

水草の状態

水草がとけたり、枯れたりしていないかをチェック。先が枯れたり、のびすぎてきたら、トリミング（P130）して整える。

水の状態

水がにごったり、水ミミズ（P59）などが大量に発生していないか。水が汚れているときは、水換えを。

グッズの点検

ヒーターやろ過フィルターはきちんと動いているか、蛍光灯は暗くなっていないかなど、グッズを点検する。

水換えの必要性

なぜ水換えが必要か？
水換えの頻度の目安

　水槽内の水質は、ろ過フィルターである程度、保つことができます。魚にとって有害なアンモニアはバクテリアによって亜硝酸塩、硝酸塩に分解されますが、これらがたまりすぎると水は極端な酸性になってしまうのです。水草やろ過フィルターに吸収されて多少は減少しますが、それだけで水質を保つことはできません。

　水槽内に亜硝酸塩、硝酸塩がたまると、魚にとって暮らしにくい環境になります。また、酸性の水はコケの原因に。魚が元気に過ごすためには、定期的な水換えが必須条件です。

　水換えの時期は水槽の大きさと魚の数にもよりますが、月に1～2回が目安。一度にすべての水を換えるのではなく、3分の1程度を交換します。

水はきれいに見えても汚れている場合がある。定期的な水換えが大切だ。

水質検査をしてみよう

　水換えは、忘れないように定期的に行なうのがベスト。水換えのタイミングは水槽の大きさ、魚や水草の量によって異なります。はじめは水質検査をしてみて、水換えのタイミングを調べてみるのもよいでしょう。

　ペーハー値を測定するペーハー検査薬は、簡単に使えて便利。7が中性、6.9以下が酸性、7.1以上がアルカリ性です。亜硝酸塩を測定する検査薬もあります。使い方は商品の説明書を見てください。

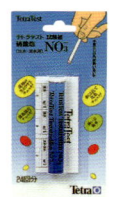

水換えのタイミングを知るには、検査薬を利用するのもよい方法。
右からペーハー検査薬、亜硝酸塩検査薬、硝酸塩検査薬。

ワンポイントアドバイス
バクテリアを殺さない工夫を！

　水換えをするとき、水槽の水をすべて新しくしてはいけないのは、なぜでしょうか。これは、水質が急激に変わるのを防ぐと同時に、バクテリアを生かしておくためです。

　バクテリアは砂利やろ材などにすんでいます。砂利やろ材を水道水で洗うと、水質を守るために働いていたバクテリアは死んでしまうのです。

　バクテリアは、水質を維持するためにとても重要なもの。そのバクテリアを上手に守りながら、水を交換することが大切です。

水槽の中の大切なバクテリアを生かしたまま水換えをするため、砂利やろ材は飼育水ですすぐ。

水換えの手順

ココに注意！ 水槽内の環境を維持するためには、水換えとフィルターのそうじが必要です。
バクテリアを守るため、水換えとろ過フィルターのそうじ（P60）は別の日にやりましょう。

1 フィルターとヒーターの電源をオフにする。低床（ていしょう）クリーナー（P60）などを使い、砂利の中のゴミをかき出しながら水槽の水を3分の1くらい抜く。

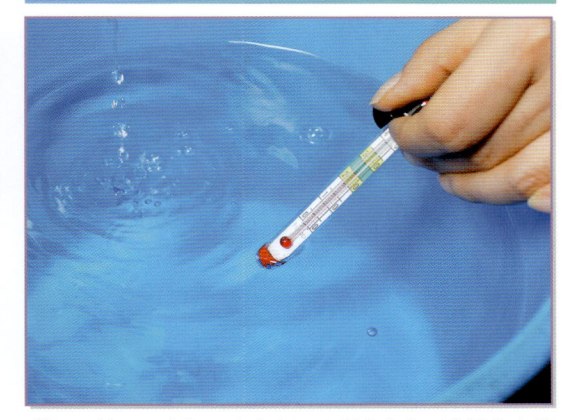

2 バケツに新しい水をくみ、お湯を入れて水温を水槽の水と同じに調整する。

3 水質調整剤（カルキ抜き、粘膜保護剤）を入れる。

4 水を容器ですくい、少しずつ入れていく。必要な水量まで入れたらフタをしてライトなどを戻し、フィルターとヒーターをオンにする。

PART 3 エサやりと水槽のメンテナンス ／ 水槽の水換え

トラブル対策
コケや汚れが発生したときの対処法

きちんと水槽を管理しているつもりでも、水槽にコケや汚れが出ることがあります。原因を知って、しっかり対処しましょう。

コケ対策
水槽内にコケがでたら早めに取り除こう

水槽にコケがつくのは、おもに水の汚れや光量が原因です。水槽の魚やエサやりが多すぎないように気をつけ、水換えやそうじは定期的に行なうこと。ライトをつける時間が長すぎたり、水槽に直射日光があたるのもコケの原因になります。ライトをつける時間を短くしてみましょう。

コケが出てしまったら、増える前に早めにそうじし、きれいにすることが大切です。

コケをとるためのグッズ。

ガラス面にへりをおしつけて、コケをこそげ落とす。

斑点状コケ
緑色の斑点（はんてん）状のコケ。水質の状態がよくても、ガラス面などに発生することがある。取り除いたら、照明時間や光量を減らすとよい。

アオミドロ状コケ
濃い緑の膜状でドロリとしたコケ。水草を覆うと枯らすこともある。砂利に汚れがたまると出るので、水換えと砂利のそうじもする。

ヒゲ状コケ
茶色っぽいヒゲ状のコケ。水換えが足りなかったり、ろ過能力が不足したりするとガラス面や水草に発生しやすい。

水のトラブル
水に何かが発生!? にごりや微生物に注意

　熱帯魚の水槽は、月1～2回の水換えをしていればOKですが、水換えをしても水がにごる場合があります。その場合、魚の数が多すぎるか、エサのあげすぎでゴミが出ていることも考えられます。水換えの回数を増やしましょう。

　水の中に、水草などについてきたミズミミズやプラナリアなどの微生物が発生することもあります。寄生虫でないものは多少いても問題ありませんが、放っておくと増えるので、水換えのときに取り除くとよいでしょう。

● 油膜がはっているときは？ ●

　水面に自然に油膜がはることもあります。とくに害はありませんが、気になる場合はキッチンペーパーですくいとります。

　水面が動いていれば、油膜が出ることはありません。油膜がすぐに出てしまう場合は、エアレーションをするなど、水面が動くようなろ過フィルターにするのも効果的です。

水の状態をよく観察して、異常があるときは早めに対策をとろう。

ミズミミズ
ごく小さな白いミズミミズで体長は5～10mm。大そうじで取り除く。とくにフィルターやマット類を集中してそうじする。

プラナリア
体長は10～20mm。大量発生する前に大そうじを。大量発生したときは、砂利などを塩水で洗うとよい。

ワンポイントアドバイス
巻き貝が大量発生したときは？

　水草についてくることの多い巻き貝は、水質の悪化とともに数が増えてきます。見つけたら取るしか防ぐ方法はありません。夜、キャベツの切れ端を水槽に入れておくと、巻き貝が集まってくるので、朝になったらキャベツごと捨てましょう。

　キャベツを入れるときは農薬に気をつけ、よく水洗いしてから入れるようにします。

巻き貝にはキャベツを入れてみよう。熱帯魚にエサを与えすぎていると集まらないこともある。

PART3
エサやりと水槽のメンテナンス
トラブル対策

フィルターと水槽のそうじ

ろ過フィルターと水槽は定期的にきれいにしよう

魚の健康管理と水槽の美しさを保つために、ろ過フィルターと水槽のそうじをします。大そうじは年1回が目安です。

いつも水槽を美しく！
コケや汚れを取り除ききれいな水槽を維持する

定期的に水換えをしていても、水槽は少しずつ汚れていきます。水槽についたコケは気がついたときにそうじすること。コケ取りグッズも市販されているので利用してもOK。

さらに、年1回を目安に、大そうじをすることが大切です。

ろ過フィルターのそうじ

ろ過フィルターは、ろ材が汚れるので定期的に交換し、フィルター内を水洗いします。そうじの方法は、右ページを見てください。そうじは月1〜2回が目安。水換えとは別の日に行ないます。

古くなったウールマットやろ材は新しいものに交換し、粒状、リング状のろ材などは、水槽の水ですすいでセットしなおします。

そうじグッズ

水槽のそうじ用にいろいろなグッズが市販されています。使いやすいものを選んで用意しましょう。

スポンジは水槽のそうじに便利。

- ネット
- 低床クリーナー
- 歯ブラシ
- バケツ
- 水換えポンプ
- コケ取り

上部フィルターのそうじ

1 フィルターの電源を切る。ろ過層のウールマットのうち、上の1枚を捨てる。下のウールマットやろ材は水槽の水ですすぐ。

2 ろ材をろ過層に戻し、新しいウールマットを1枚のせる。上に、いままで使っていたもう1枚のウールマットをのせる。

外がけフィルターのそうじ

フィルターの電源を止め、ろ材パックを新しいものと交換する。

外部フィルターのそうじ

フィルターの電源を止め、パイプなどをはずす。ろ過層のろ材を取り出し、飼育水（水槽の水）ですすぐ。ろ材をセットしなおす。

スポンジ・投げ込みフィルターのそうじ

吸い込み口のスポンジ部分、投げ込みフィルターのろ材部分をはずして、水槽の飼育水ですすいでからセットしなおす。交換できるものは、新しいろ材と交換する。

底面フィルターのそうじ

砂利を出して水道水で洗い、最後に飼育水ですすぎ、底面フィルターをセットしなおす。

※飼育水とは、定期的に水換えしている水槽の水のこと。水槽の水が古く汚れている場合は、P57の手順2、3のように新しい水を作り、その水でそうじしよう。

フィルターと水槽のそうじ

大そうじの手順

ふだんのそうじ、水換え、ろ過フィルターのそうじのほかに、年1回を目安に大そうじをしましょう。ソイル系の砂利を使っている場合は、大そうじのときに砂利をすべて新しいものに入れかえます。また、病気や寄生虫が発生したときも、大そうじが必要です。そうじには洗剤などは使わないこと。

1 大そうじをする1週間前に、ろ過フィルターのそうじをしておく。

2 そうじの後で戻すために、飼育水（水槽の水）を3分の1程度くんでおく。

3 水槽の残りから飼育水をさらに別なバケツにくみ、熱帯魚をネットですくって移しておく。水草は別のバケツに飼育水を入れ、そこへ移しておこう。

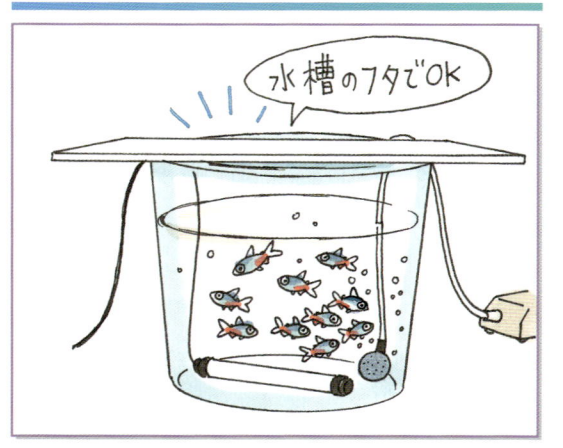

4 熱帯魚を入れた飼育水のバケツは、水温が下がらないようにヒーターを入れておく。エアレーションをしておくと安心。魚がとびださないようにフタをしておく。

5 水草や流木、石などのアクセサリーを取り出す。コケや汚れがついているときは、歯ブラシなどでこすり、きれいにしておく。

6 水槽の内側をスポンジなどできれいにする。ガラス面のコケは、コケ取り用のグッズを使ってもOK。

7 低床（ていしょう）クリーナーかポンプで残りの飼育水を抜く。水道水を入れ砂利を洗い、汚れた水を抜く。この作業を2〜3回くり返して砂利をきれいにする。

8 砂利を整え、新しい水を半分ほど入れる。水槽に水質調整剤（カルキ抜き、粘膜保護剤）を入れて、水温を**4**と合わせ、水草やアクセサリーを戻す。

9 **2**の飼育水にお湯をたして水槽に戻し、**4**と水温を合わせる。ろ過フィルターの電源を入れて水をまわす。

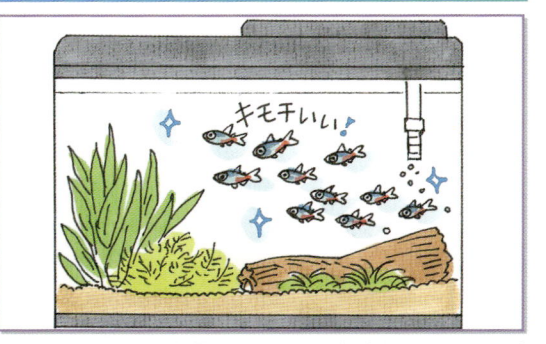

10 ヒーターを水槽にセットし、しばらく水をまわしておく。水温をチェックし、魚を水槽に戻して完了。

名アクアリストへの道!

熱帯魚にも暑い夏は厳しい！
真夏は水温対策をしよう

熱帯魚は急激な水温の変化にも注意が必要。
つねに適温（てきおん）が保たれているかどうか、確認しましょう。

POINT! 水温管理に気をつける

熱帯魚水槽は、ヒーターでの水温調整が必要です。オートヒーターやサーモスタットを使えば適温が保たれますが、水温はまめに確認するようにしましょう。

オートヒーターは温度設定が26℃で固定されているタイプと、設定を変えられるタイプとがあります。

ふだんは固定タイプでも十分ですが、繁殖（はんしょく）を促す（うながす）ために、水温に変化をつけたいときなどは、自由に設定できるタイプが便利です。

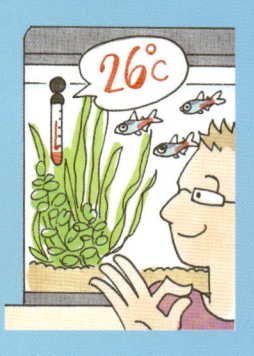

POINT! ファンの風で水温を下げる

ヒーターは、真夏以外はつねに水槽にセットしておくこと。真夏は逆に、水温が30℃以上にも上がることがあります。熱帯魚とはいっても、自然界ではそこまで水温が上がることはありません。種類によっては、30℃くらいの高温が続くと、弱って死ぬケースもあります。

水温の上がりすぎを防ぐため、水槽専用のファンをつけましょう。水面に冷風を当てると水温の上昇が防げます。水槽に向けてせんぷう機の風を当てても効果があります。ライトも水温を上げる原因となるので、夏は水面から少し離して設置するのがおすすめです。ただし、魚の飛び出しに注意。また、水槽の近くでは、殺虫剤や蚊取り線香を使わないようにしてください。

クリップ式で水槽にセットできる専用ファンを使うと便利。

せんぷう機の冷風を、水槽前面からあてるだけでも水温が下がる。

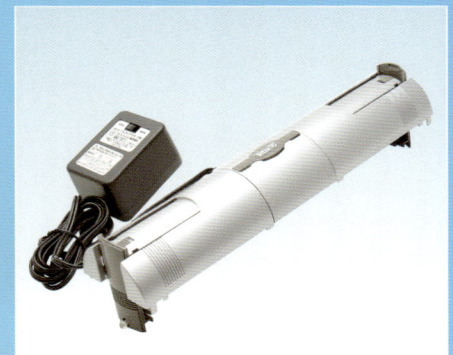

水面から離すように、高い位置にセットできるタイプのライト。

PART 4

初心者向き！
熱帯魚カタログ

ネオンテトラの仲間

ネオンテトラ

DATA	
原産地	南米・アマゾン河
全　長	3〜4cm
水　温	22〜27℃
水　質	弱酸性から中性

熱帯魚の代表的な品種としてポピュラーで価格も安い人気の魚。体の赤と顔から入ったブルーラインとが美しく、10匹単位の群れで泳がせると水槽に映える。飼育も簡単なので初心者にぴったり。

アルビノ・ネオンテトラ

DATA	
原産地	改良品種
全　長	3〜4cm
水　温	22〜27℃
水　質	弱酸性から中性

ネオンテトラのアルビノ個体を固定して作った改良品種。ポピュラーな品種ではないが、ネオンテトラと同様に飼育可能。白っぽく光る色が美しいので、小型カラシンの混泳水槽にもおすすめ。

カージナル・テトラ

DATA	
原産地	南米・ネグロ河
全　長	4〜5cm
水　温	22〜27℃
水　質	弱酸性から中性

ネオンテトラよりやや大きく、腹部の赤い部分が顔まで広がっているので華やかな印象だ。丈夫で飼いやすい人気品種。背の部分が光輝くプラチナ・カージナルテトラと呼ばれるものも見られる。

グリーン・ネオンテトラ

DATA	
原産地	南米・ネグロ河
全　長	3cm
水　温	22〜27℃
水　質	弱酸性から中性

ネオンテトラに似ているが、全長がやや小さい。体のブルーラインが尾ビレの根元まで伸び、赤い部分は発色が薄いのが特徴。光によりグリーンに見えるといわれるが、ブルーに近い色合いだ。

ネオンテトラは南米産の小型カラシンのグループに属します。カラシンの中ではネオンテトラが有名ですが、小型カラシンはどれも飼育がしやすく、群れで泳がせると美しい魚たちです。

ブラック・ネオンテトラ

DATA	
原産地	ブラジル
全　長	4cm
水　温	22〜27℃
水　質	弱酸性から中性

体の黒地にシルバーカラーの輝くラインが入った美しいネオンテトラの仲間。すでにポピュラーになっている品種で飼育もネオンテトラと同じように簡単なので、初心者にも最適の熱帯魚だ。

ゴールデン・テトラ

DATA	
原産地	ギアナ
全　長	3〜4cm
水　温	22〜27℃
水　質	弱酸性から中性

シルバーにブルーが入ったゴールデン・テトラ。ゴールデン・テトラは名前のように金色の個体があり、その体色は、発光バクテリアの寄生によるといわれている。飼育はほかのテトラと同様で簡単。

グラスブラッドフィン・テトラ

DATA	
原産地	南米・アマゾン河
全　長	6cm
水　温	23〜27℃
水　質	弱酸性から中性

透明な体に赤い尾ビレが特徴の美しい品種。尻ビレのフチに白が入る。体が透明なのは調子がいいしるし。東南アジアで養殖がさかんに行なわれている。水面近くを群れで泳ぐ姿がとても美しい。

ラミーノーズ・テトラ

DATA	
原産地	南米・アマゾン河
全　長	5cm
水　温	22〜27℃
水　質	弱酸性から中性

真っ赤な頭部と、尾に入った白黒模様が特徴的。小型カラシンとしてはやや大きく、群れで入れると混泳水槽でも存在感があるのでおすすめ。水質が合って状態がよいほど、赤の発色が強く出る。

PART4 初心者向き！熱帯魚カタログ　ネオンテトラの仲間

ネオンテトラの仲間

グローライト・テトラ

DATA	
原産地	ギアナ
全　長	3～4cm
水　温	22～27℃
水　質	弱酸性から中性

透き通った体に、顔から尾ビレのつけ根まで入った鮮やかな赤のラインと背ビレの赤が特徴。ポピュラーな種類で、丈夫で飼いやすく混泳にもよい。状態がよいときほど、色がきれいに出る。

レモン・テトラ

DATA	
原産地	アマゾン河
全　長	3～4cm
水　温	22～27℃
水　質	弱酸性から中性

名前のとおり体色が淡い黄色で、成魚になると背ビレ、尻ビレの縁もレモンイエローになる。アルビノ種も見られる。水草を食べることもあるので、水草をメインにした水槽には不向き。

ダイヤモンド・テトラ

DATA	
原産地	ベネズエラ
全　長	5cm
水　温	22～27℃
水　質	弱酸性から中性

全体的にシルバーっぽい体色に、ところどころダイヤモンドのように輝くウロコが美しい。オスは各ヒレが長く伸びるのが特徴。草食傾向がやや強いので、水草を食べることもある。

フレーム・テトラ

DATA	
原産地	アマゾン河
全　長	3～4cm
水　温	22～27℃
水　質	弱酸性から中性

やや丸みのある体に淡いオレンジがかった色のカラシン。状態がよいと全身が赤く、とくに背ビレ、尾ビレが濃い赤になるが、飼育水槽ではなかなかきれいに発色させるのはむずかしい。

ブラックファントム・テトラ

DATA	
原産地	ブラジル
全　長	5cm
水　温	22〜27℃
水　質	弱酸性から中性

透明感のある体色に、黒いヒレと黒のスポットが特徴。メスはヒレが短く、腹ビレに赤味が入るので区別できる。群れで飼うと、オス同士がヒレを広げる行動が見られる。

レッドファントム・テトラ

DATA	
原産地	ペルー・コロンビア
全　長	4cm
水　温	22〜27℃
水　質	弱酸性から中性

透明感のある赤い体が美しいテトラ。産地や繁殖地によって体色に違いがあり、赤が鮮やかな「ルブラ」と呼ばれる野生種は、人気があり価格も高め。ブラックファントム・テトラよりやや小さい。

グリーンファイヤー・テトラ

DATA	
原産地	アマゾン河
全　長	4cm
水　温	22〜27℃
水　質	弱酸性から中性

体は透明感があり、背側にはグリーン、腹側には赤が出る美しい小型カラシン。繁殖地により色合いがやや違っている。丈夫で飼いやすいが、ヒレなどの赤い発色をきれいに出すのはむずかしい。

アルビノブラックネオン

DATA	
原産地	ブラジル　改良種
全　長	4cm
水　温	22〜27℃
水　質	弱酸性から中性

ブラック・ネオンのアルビノ種。透けるように透明な体が美しい。ネオンテトラの白変種、ニューゴールデンテトラとは違い、目が赤いのがアルビノ種の特徴。飼育法は普通のネオンテトラと同じ。

ネオンテトラの仲間

ペンギン・テトラ

DATA	
原産地	アマゾン河
全長	5cm
水温	22〜27℃
水質	弱酸性から中性

頭を上に向け、体を斜めにして泳ぐ姿と、くっきりと入った太いブラックのラインからネーミングされている。成長するとやや気が荒くなり、なわばり争いをするので、数は少なめに入れるとよい。

コロンビア・レッドフィン・テトラ

DATA	
原産地	コロンビア
全長	7〜8cm
水温	22〜27℃
水質	弱酸性から中性

最近になって輸入されるようになった、少し大きめのテトラ。ごく小さなテトラ類との混泳は、さけたほうがよい。シルバーのメタリックな体に、尾ビレが赤い姿がシンプルで美しい。

シルバーハチェット

DATA	
原産地	アマゾン河・ギアナ
全長	5〜6cm
水温	22〜27℃
水質	弱酸性から中性

「ハチェット」は斧（おの）のことで、体型からこの名前がある。水面近くを泳ぐので、ほかのカラシンと混泳させると水槽全体がにぎやかになるのでおすすめ。飛び出さないようにフタをすること。

ハセマニア

DATA	
原産地	ブラジル
全長	3〜4cm
水温	22〜27℃
水質	弱酸性から中性

体は淡い黄褐色をしており、背ビレ、尾ビレ、腹ビレの先端に白が入っているのが特徴。ヒレの模様から、シルバーチップテトラとも呼ばれる。脂（あぶら）ビレは見られない。混泳にもよい飼いやすい種類。

プリステラ

DATA	
原産地	アマゾン河
全　長	4cm
水　温	22〜27℃
水　質	弱酸性から中性

背ビレと尻ビレに黄色と黒が入り、尾ビレには赤が入った独特のルックス。ポピュラーな種で飼いやすく、おとなしいので混泳水槽にも最適。早い動きでよく泳ぎ、水槽をにぎやかに見せてくれる。

インパイクティスケリー

DATA	
原産地	アマゾン河
全　長	5cm
水　温	22〜27℃
水　質	弱酸性から中性

ブルーの体色に太いラインが入ったスタイル。メスのほうが体色が地味で、腹ビレがオレンジになることで区別できる。やや気が荒い性格で、同種同士ではとくにケンカすることもあるので要注意。

エンペラー・テトラ

DATA	
原産地	コロンビア
全　長	5cm
水　温	22〜27℃
水　質	弱酸性から中性

体の腹側に入った太いラインは、状態がよいほど鮮やかに。尾ビレは上と下の縁、中心が長く伸びる。水温はやや低温のほうが飼いやすい。なわばり争いをするので、少数で飼ったほうがよい。

ネオングリーン・ペンシル

DATA	
原産地	アマゾン河
全　長	5cm
水　温	22〜27℃
水　質	弱酸性から中性

グリーンペンシルとも呼ばれるペンシルフィッシュの仲間。草食性が強く糸状のコケなども食べるが、エサが十分であればコケとり役にはならない。あまりポピュラーでないため、価格はやや高め。

ネオンテトラの仲間の飼い方

丈夫で飼いやすくビギナーにもおすすめ！
複数の種類を混泳させるのも美しいです。

ネオンテトラは小型カラシンの仲間

　ネオンテトラ、カーディナルテトラなどをはじめとする小型テトラは、熱帯魚の中の「カラシン」の分類に入る仲間。

　種類が多くカラフルで、丈夫で飼いやすいうえに値段も安いので、はじめて飼う人にもおすすめの魚たちです。

●混泳にも最適の種類

　ネオンテトラの仲間は、群れで泳がせると美しい魚。小型でおとなしい種類が多いので、ほかの種類と混泳（こんえい）させるのもおすすめです。

　小型カラシン同士の混泳や、グッピー、プラティ、モーリーなどメダカの仲間、ラスボラやアカヒレなどコイの仲間との混泳もよいでしょう。

　エンゼル・フィッシュは体が小さいうちなら、小型カラシンとも混泳させることができます。

群泳（ぐんえい）させると美しく、ネオンテトラだけでも十分に楽しめる。60cm水槽なら50〜100匹ほど入れてもOK。

水槽セッティングの例

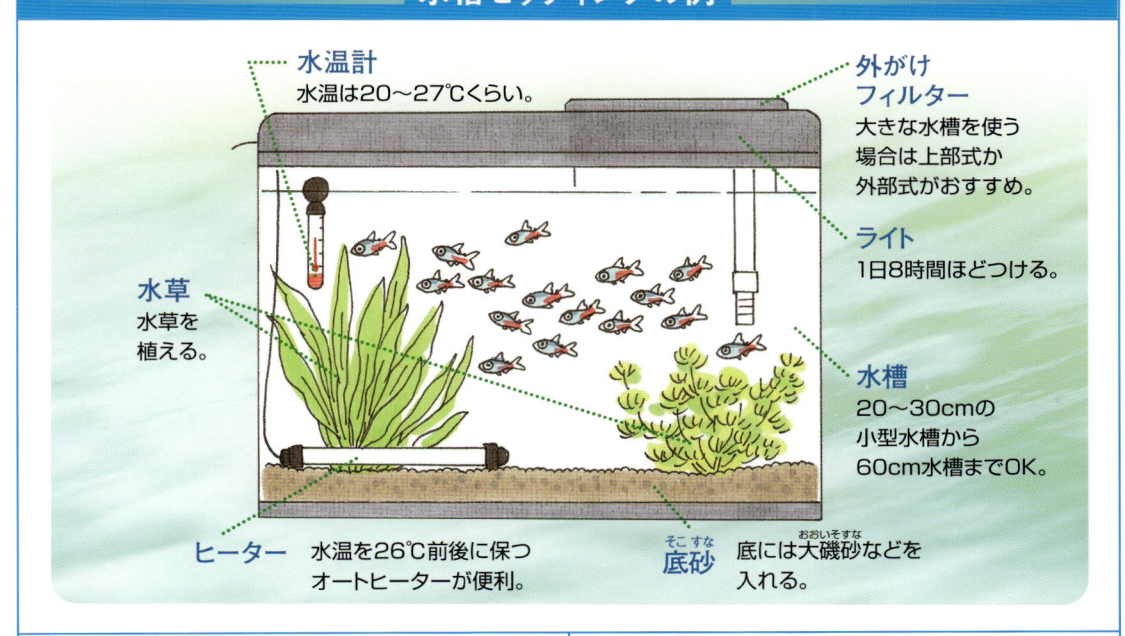

水温計 水温は20〜27℃くらい。

外がけフィルター 大きな水槽を使う場合は上部式か外部式がおすすめ。

水草 水草を植える。

ライト 1日8時間ほどつける。

水槽 20〜30cmの小型水槽から60cm水槽までOK。

ヒーター 水温を26℃前後に保つオートヒーターが便利。

底砂 底には大磯砂などを入れる。

水槽とろ過フィルター

魚の数によって、水槽のサイズを決めます。ネオンテトラは20cm水槽で10匹程度、30cm水槽で20匹程度がよいでしょう。混泳させる場合も、この数を目安にしてください。

フィルターはどのタイプも使えますが、外がけ式、上部式は手入れがラクなのでおすすめ。

水槽内の環境

小型カラシンは、南米アマゾン河などが原産地です。水温は20〜27℃、水質は弱酸性から中性に保つようにします。

底砂は大磯砂など、何を選んでも問題ありません。小型の魚が映えるように、上に伸びる水草を何種類か入れるとよいでしょう。

エサと世話

エサは小型熱帯魚用の配合飼料を与えます。1日1〜2回で、すぐに食べ切る量をあげること。生き餌は必要ありませんが、あげてもOKです。

月に1〜2回、部分的な水換え（P57）をして、水質をいつもキレイに保ちましょう。

つぶが小さい小型熱帯魚用飼料。　ネオンテトラ用飼料。

PART 4 初心者向き！熱帯魚カタログ　ネオンテトラの仲間の飼い方

ネオンテトラの繁殖

ネオンテトラの繁殖は中級者向け。
飼育になれたら挑戦してみよう！

産卵用の水作りと水温調整がポイント

とてもポピュラーで飼育も簡単なネオンテトラですが、繁殖させるにはいくつか工夫が必要です。飼育になれてからトライしてください。

繁殖用にはネオンテトラのオス、メスを各1匹ずつ、またはオス2匹とメス1匹を用意。

親魚は一度、低い水温を体験させることで産卵を促します。水はピートモスなどを使って弱酸性に調整すること。ピートモスに産卵し、稚魚が親に食べられるのを防ぐこともできます。

オス
オスは体が小さくてスマート。色のちがいはとくにない。

メス
体全体も大きく、卵をもつとさらにお腹が大きくなる。

ネオンテトラを繁殖させる手順

① 水温を変化させる

水温を下げることで繁殖行動を促す。

●**水温を下げる**
繁殖させる親魚の水温を下げます。15〜18℃にしたら、その温度で1週間飼育。

●**水温を上げる**
次に水温をあげ、約24℃にします。一度水温が下がったことで、繁殖しやすくなるのです。水温をあげてからは、エサを多めにあげてメスのお腹が大きくなるまでそのまま飼育します。

ただし、急激な水温の変化は白点病の原因に。水温を上げ下げするときは、水合わせをしながら3時間くらいかけて少しずつならすこと。

❷ 産卵水槽を用意

産卵用に幅20～30cmの水槽を用意し、水槽の周囲に黒い紙などをはって暗くします。水深は10～15cmの浅めに。中にピートモスまたはシュロの皮を入れて弱酸性の水を作ります。

ピートモス、シュロの皮は、園芸用品や小鳥用の巣材(すざい)として市販(しはん)されています。一度、熱湯で消毒してから使いましょう。

産卵水槽用の弱酸性の水をつくる。ピートモスを入れて数日おく。

水づくりにはペットボトルを利用してもOK。水換え用にも便利。

❸ 親魚を入れる

メスのお腹が大きくなり産卵の準備ができたら、産卵水槽（水温は24℃）にオスを入れて、翌日メスを入れます。水槽はエアレーションをごく弱めにすること。オスがメスにアタックすると、1～2日のうちに産卵します。

水換え用の予備の水は、ペットボトルで用意しておきます。この状態で水槽を紙で囲い、暗くして産卵を待ちます。

産卵用水槽に親魚を入れる。底には産卵床(さんらんしょう)のシュロの皮を。周囲は黒い紙などをはって暗くする。

●産卵床のアレンジ

ビー玉を使う。 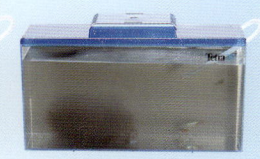　　ピートモスを使う。

> **産卵しないときは？**
> オスとメスの相性が悪いこともあるので、メスが産卵しないときはオスをかえてみましょう。水を3分の1ぐらい換えてみると、産卵する場合もあります。

❹ 産卵とふ化

産卵したら、メスのお腹が平らになっているのを確認して親魚を取り出します。水槽は暗くした状態のまま、卵のふ化を待ちます。

卵は約1日でふ化し、稚魚が泳ぎだしますが、はじめの1～2日はそのままでOK。3日目からインフゾリアを与えましょう。

ふ化から1週間頃から、稚魚のエサをブラインシュリンプ（P76）に切りかえます。

●稚魚のエサ（インフゾリア）

プラケースなどに水を入れ、キャベツの切れ端(はし)を入れて2～3日おくと乳白色のインフゾリア（ゾウリムシなどの微生物(びせいぶつ)）が発生する。稚魚にはスポイトで与える。

名アクアリストへの道!

稚魚のエサ ブラインシュリンプの育て方

熱帯魚を繁殖するときは、稚魚のエサ用にブラインシュリンプを用意しましょう。ふ化して1〜2日後から必要になるので、あらかじめ準備が必要です。

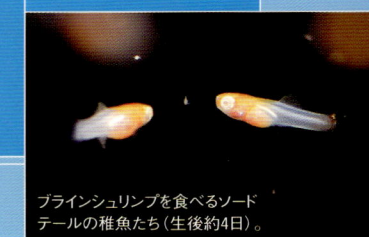

ブラインシュリンプを食べるソードテールの稚魚たち（生後約4日）。

1 フタつきのビンを用意。水道水に自然塩を入れ、3%の塩水を作る。

2 ブラインシュリンプの乾燥卵を入れる。

3 フタに2個の穴を開け、エアチューブを通す。1本はエアポンプにつなぎ水中に酸素を送り、1本は何もつながず空気抜きにする。

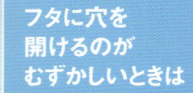

フタに穴を開けるのがむずかしいときは 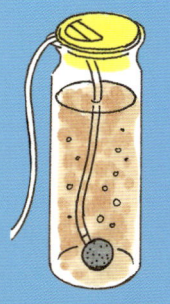
むぎ茶などを入れる容器（ウォーターピッチャー）を使ってもOK。

4 水温25℃の場合で約24時間、水温20℃の場合で約48時間おくと、ブラインシュリンプがふ化する。

水槽にビンごと入れると温度を保ちやすい。

5 ペットボトルの上半分をカットする。上部に茶こしが入るようカットし、茶こしをとりつける。

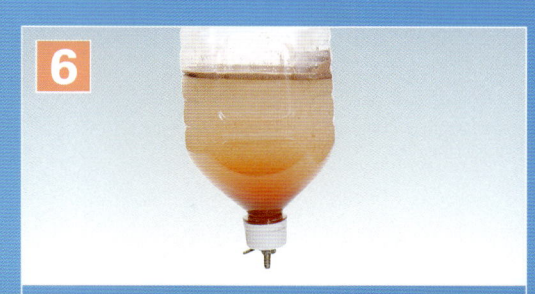

6 別のペットボトルの底をカットし、フタに穴を開けてエアチューブ用ひと口コックをつけて逆さにし、**4**を入れる。

7 上に卵の殻が浮き、底のほうにふ化したブラインシュリンプがたまるのを待つ。赤いものがたまったら、コックを開け**5**のこし器に落とす。

8 こし器の底から水をかけ、ブラインシュリンプをプラケースに入れる。

9 塩分がなくなり、稚魚のエサとして使えるようになったブラインシュリンプ。

10 ブラインシュリンプは、1日数回に分けて稚魚の水槽に入れて与える。少しずつ出せるよう、ノズルのついたボトルに入れておくと便利。

11 多めにふ化させて、1回分ずつ小分けにしてもよい。パックで冷凍しておけば、解凍して与えるか、凍ったまま水槽に入れても使える。

メダカの仲間

グッピーの仲間

外産グッピーは安価だが水合わせをしっかりすることが大切。

● 国産グッピーと外産グッピー

色鮮やかで、模様やヒレの形の変化によってさまざまな種類が見られるグッピー。

ヒレや体色に美しい特徴が出ているのはオスで、メスは地味な姿をしています。

価格の安い外産グッピーは、おもにシンガポール産。ここでは丈夫で飼いやすく、さまざまなタイプの品種が楽しめる国産グッピーを紹介します。

DATA	
原産地	改良品種
全長	5cm
水温	20〜27℃
水質	中性から弱アルカリ性

ドイツイエロータキシード

体の後半が黒く、タキシードを着たように見えることからネーミングされている。ヒレは淡い黄色。

ドイツイエロータキシードリボン

腹ビレがリボンのように長くのびたタイプ。リボンタイプの繁殖はややむずかしい。

ブルーグラス

背ビレと尾ビレが、水色に黒の細かいスポット模様になっている。

モスコーブルー

全体的に深いブルー一色に染まった美しい品種。

色とりどりのグッピーは、時代を超えた人気種です。グッピー、プラティ、モーリーなどはメダカの仲間。混泳させたり、繁殖させたり、さまざまに楽しめます。

シルバーブルーグラス

ヒレにブルーグラスの特徴が見られるが、ボディ、ヒレともにシルバーがかっている。

ジャパンブルーハーフセント

ボディがメタリックなブルーの輝きを見せている。

キングコブラ

ヘビのキングコブラのような模様が、体から尾ビレまで全体に入っている。

R.R.E.A.トパーズ

R.R.E.A.（リアルレッドアイアルビノ）は人気の改良品種。パールのような体色。

R.R.E.A.キングコブラスワロー

キングコブラのR.R.E.A.タイプ。さらに、スワロータイプのヒレをもつ種。

R.R.E.A.スーパーレッド

赤い色が美しいスーパーレッドのR.R.E.A.タイプ。体色の赤と瞳のカラーが美しい。

メダカの仲間

プラティの仲間

鮮やかなカラーのバリエーションが多く、存在感のある品種。混泳（こんえい）もでき、自然に繁殖もするので初心者でも十分に楽しめます。

DATA	
原産地	メキシコ、グアテマラ
全　長	5〜6cm
水　温	22〜27℃
水　質	弱酸性から弱アルカリ性

レッド・プラティ

もっともポピュラーな全身が赤いプラティ。体に丸みがあり、大きさのわりに存在感もあり。

ゴールデンミッキーマウス・プラティ

尾のつけ根にある黒い模様が、ミッキーマウスの顔に見える。ほかにレッドタイプもいる。

ホワイトミッキーマウス・プラティ

白い透明感（とうめいかん）のあるボディに、ミッキーマウス模様が美しいプラティ。

ハイフィンプラティ・タキシード

背ビレが大きくのびるハイフィンタイプ。体は黒が入ったタキシード。

ソードテールの仲間

オスの尾ビレが下だけ長く、剣のように伸びています。ソードはやや気性が荒いので、おとなしい種類の魚との混泳は不向き。

DATA	
原産地	メキシコ、グアテマラ
全　長	8～10cm
水　温	22～27℃
水　質	中性～弱アルカリ性

レッド・ソードテール

全身が鮮やかな赤で、尾ビレの下に黒が入っているのが特徴。

ワグ・ソードテール

メス

オス

ヒレの先など、体の先端だけが黒くなっているワグタイプのソードテール。

ルビーアイ紅白ソードテール

メス

オス

体の前後でくっきり紅白に分かれるソードテール。大きくなると10cmほどまで成長。

PART4 初心者向き！熱帯魚カタログ メダカの仲間

メダカの仲間

モーリーの仲間

体がやや大きいモーリーの仲間は、かわいくて存在感もあります。コケを食べる人気の熱帯魚です。

ブラックモーリー

DATA	
原産地	メキシコ
全長	5cm
水温	22〜27℃
水質	中性から弱アルカリ性

全身が黒く、背ビレのフチに黄色が入った存在感のあるモーリー。メスはオスよりも大きくなる。背ビレが長くのびるライヤーテールなど、いろいろなタイプのモーリーがいる。

マーブル・バルーンモーリー

DATA	
原産地	タイ（改良品種）
全長	5cm
水温	22〜27℃
水質	中性から弱アルカリ性

体に丸みがあるバルーンタイプ。ブラックバルーンモーリーと、セルフィンモーリーから作られた品種。白、黒など何色もの色合いが混じったマーブル模様の体色が特徴だ。

オレンジ・バルーンモーリー

DATA	
原産地	タイ（改良品種）
全長	5cm
水温	22〜27℃
水質	中性から弱アルカリ性

赤っぽいオレンジ色がきれいなバルーンモーリー。モーリーは草食性が強いので、水槽のコケも食べてくれる。体が丸いタイプの魚は泳ぎがうまくないので、水流が強すぎないように注意。

チョコレート・バルーンモーリー

DATA	
原産地	東南アジア（改良品種）
全長	5cm
水温	22〜27℃
水質	中性から弱アルカリ性

バルーンモーリーの中でも、新しいカラーバリエーションとして人気のチョコレートモーリー。右のヒレが大きいのがオス、左のおなかがふっくらしているのがメス。

ダルメシアン・セルフィンモーリー

DATA	
原産地	改良品種
全長	5～8cm
水温	22～27℃
水質	中性から弱アルカリ中性

オスの背ビレが大きく帆のように広がるセルフィンタイプのモーリー。改良品種でメタリックな白のプラチナ、オレンジ色のゴールデンもいる。

ゴールデンラストライヤーモーリー

DATA	
原産地	改良品種
全長	5～8cm
水温	22～27℃
水質	中性から弱アルカリ中性

体からヒレまで、鮮やかなオレンジ色のモーリー。尾ビレを上下の端が長くのびたライヤーテール状に改良した品種。

その他のメダカの仲間

アフリカンランプアイ

DATA	
原産地	西アフリカ
全長	3cm
水温	22～27℃
水質	中性から弱アルカリ性

目の上の部分が青く輝くため、「ランプアイ」の名がついている。飼育しやすく、おとなしい品種なので、群れで入れて混泳させるのがおすすめ。

セレベスメダカ

DATA	
原産地	スラウェシ島
全長	4～5cm
水温	22～27℃
水質	弱酸性から中性

インドネシア・スラウェシ島（かつてのセレベス島）原産のメダカ。日本産のメダカに似ているが、体色がすき通っていて体が大きい。

ジャワメダカ

DATA	
原産地	東南アジア
全長	3cm
水温	22～27℃
水質	弱酸性から中性

マレー半島、インドネシアの川や水路、河口、汽水域まで生息。日本のメダカとよく似ている。おとなしく群れで飼うのがよい。写真はオス。

メダカの仲間の飼い方

小型できれいなメダカの仲間たちは、初心者でも安心して飼えるおすすめ品種。繁殖も簡単にできるので、稚魚を増やして楽しんでもOKです。

卵胎生と卵生メダカ どこがちがう?

メダカの種類は、大きく卵胎生(らんたいせい)メダカと卵生(らんせい)メダカとに分かれます。グッピー、モーリー、プラティ、ソードテールなどは、卵胎生メダカ。

卵胎生メダカは、体内で卵をふ化させ、稚魚を生むのが特徴。卵生メダカは卵を生みます。

グッピー

グッピーはオスだけが色や模様が美しく、メスは地味なものが多くなります。観賞(かんしょう)用としては、オスだけを入れて飼うのも美しいものです。値段が安価な外産(がいさん)グッピーは、オスだけを集めて販売しているケースもあります。

繁殖(はんしょく)させたい場合はもちろん、オス、メス両方を入れて飼います。ペアで飼って稚魚(ちぎょ)をとり、よりきれいなグッピーを残していくという楽しみ方もあります。

国産グッピーは丈夫で飼いやすい。

モーリー・プラティ・ソードテール

モーリー、プラティなどは、ペア単位で水槽に入れるのがおすすめ。さまざまな色合いがあるので、水槽の調和(ちょうわ)を考えて選ぶとよいでしょう。

その他のメダカ

アフリカンランプアイ、セレベスメダカ、ジャワメダカなどは、卵生メダカの仲間。一見地味(じみ)ながらも、群れで泳がせるときれいな魚たちです。

小型の魚は群れでいるほうが落ち着くので、できれば多めに、10匹以上水槽に入れるようにするとよいでしょう。

グッピーは繁殖が大きな楽しみのひとつ。

メダカの仲間の水槽セッティング

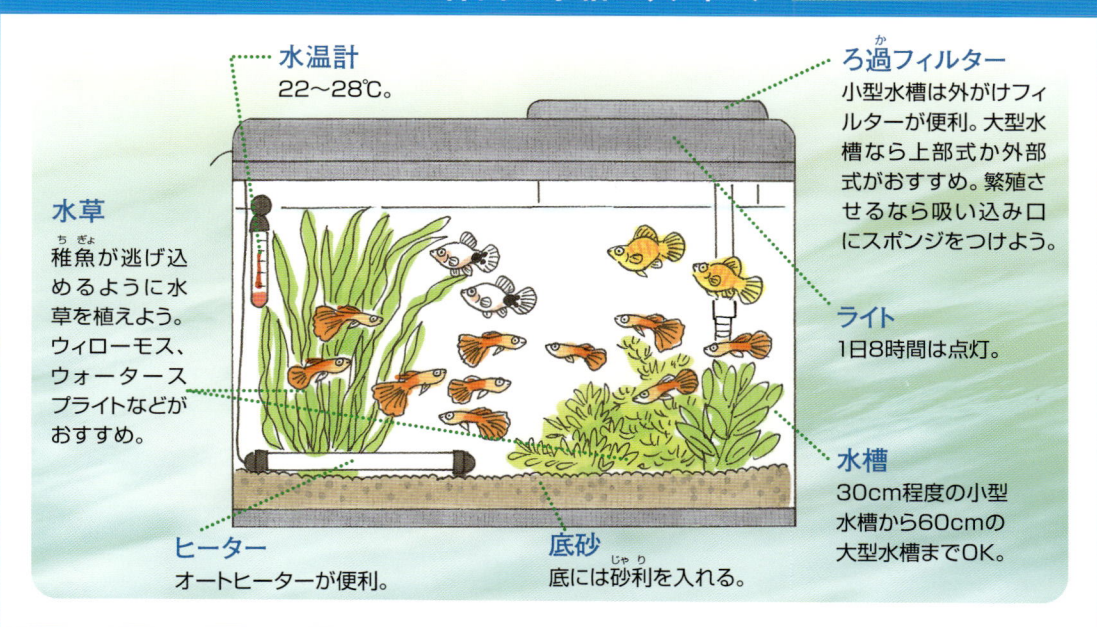

水温計
22〜28℃。

ろ過フィルター
小型水槽は外がけフィルターが便利。大型水槽なら上部式か外部式がおすすめ。繁殖させるなら吸い込み口にスポンジをつけよう。

水草
稚魚が逃げ込めるように水草を植えよう。ウィローモス、ウォータースプライトなどがおすすめ。

ライト
1日8時間は点灯。

水槽
30cm程度の小型水槽から60cmの大型水槽までOK。

ヒーター
オートヒーターが便利。

底砂
底には砂利を入れる。

水槽とろ過フィルター

　グッピーを1ペアで飼うなら小型水槽で十分です。混泳させる場合は、30cm水槽で約10匹、45cm水槽で約20匹を目安にします。ソードテール、セルフィンモーリーは45cm以上が理想的。

　フィルターは外がけ式、上部式などを使いますが、稚魚が生まれたときのことを考えて、吸い込み口にスポンジをつけるとよいでしょう。

水槽の環境

　水温はヒーターで22〜28℃に保ちます。グッピー、モーリーなどは中性からアルカリ性の水を好みますが、順応性が強いのでとくに神経質になることはありません。ヒレの長いグッピーなどは、ヒレをかじる魚との混泳を避けましょう。

エサと世話

　小さな魚でも食べられるよう、小型熱帯魚用の配合飼料を与えます。1日1〜2回、すぐに食べ切る量をあげます。モーリーはコケも多少食べますが、配合飼料をあげていれば、そうじしてくれるほどは食べないでしょう。

　水換えは月に1〜2回、3分の1程度を部分的に交換して水質を保ちます。

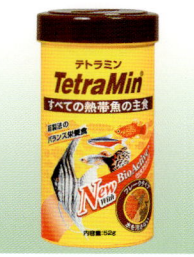

水に浮くタイプの小型熱帯魚用配合飼料。

グッピー専用フードもある。

PART 4 初心者向き！熱帯魚カタログ／メダカの仲間の飼い方

卵胎生メダカの繁殖

卵胎生メダカは簡単に繁殖できて、稚魚も育てやすい種類です。親に食べられないように、稚魚を守るのが成功のポイント！

産卵箱を使ったグッピーの繁殖

卵胎生メダカのグッピーは、メスの体内でふ化した稚魚を生みます。オス、メスをいっしょに飼っていれば自然に稚魚が生まれますが、そのままでは親に食べられてしまいます。

稚魚を育てるなら、水槽内に産卵箱をつけて、出産が近いメスを入れること。お腹が大きく稚魚の目が黒くすけていれば出産が近いので、よく観察すればわかるでしょう。

産卵箱に稚魚が生まれたら、メスを産卵箱から取り出します。

オス 背ビレ、尾ビレなどが大きく、品種の模様や色の特徴がよく出ている。尻ビレの辺りに、ゴノポジウムという生殖(せいしょく)器官がある。

メス 体が大きく、ヒレは小さくて色などの特徴はあまり出ていない。

産卵箱は水槽内と同じ環境が保たれる。親やほかの魚に食べられず、稚魚が育つことができる。

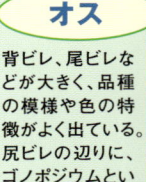

●稚魚を育てる

グッピーの稚魚は、体長2cmほどになれば親と一緒に入れても大丈夫ですが、それまでは稚魚だけで育てること。稚魚用の水槽を用意するのが理想的です。エサはブラインシュリンプ（P76）や稚魚用の配合飼料を与えます。

●本格的に繁殖させたいなら

グッピーを計画的に繁殖させるなら、小型水槽を複数用意しましょう。稚魚水槽をセットし、生後1か月でオス、メスの水槽に分けて管理します。生後2か月もすると繁殖できるようになりますが、3か月以降になってからのほうがよいでしょう。

モーリー、プラティ、ソードテールの繁殖

　モーリー、プラティ、ソードテールも、ペアで飼育していると自然に繁殖します。気づいたら稚魚が泳いでいるというのも、よくあることです。
　これらの品種は稚魚も大きめで、水草などに隠れてほかの魚から逃げ、成長することができます。稚魚を育てるために水草を入れ、隠（かく）れ場所を作っておくとよいでしょう。

●フィルターにスポンジをつけよう
　フィルターの吸い込み口に稚魚が入ってしまうこともあるので、スポンジフィルターか底面フィルターを使うのがおすすめ。外がけフィルターや上部式フィルターの場合は、吸い込み口にスポンジをつけるとよいでしょう。

飼育水槽はスポンジフィルターを使い、水草を入れておくと、稚魚が自然に育つことができる。

●稚魚を育てる
　モーリー、プラティなどの稚魚は、そのまま親と同じ水槽で自然に育てれば大丈夫です。
　はじめから体が大きめなので、エサも親と同じ飼料を食べられます。もちろん、稚魚用の配合飼料を与えてもOKです。

モーリー

オス　どの種類も、オスのほうが背ビレや尾ビレが大きいのが特徴。

メス　ヒレは小さく、体が大きく丸みがある。

ソードテール

オス　尾ビレの形に品種の特徴が出ている。

メス　普通の丸い尾ビレ。

生後3日目のプラティ。

生後3週間のソードテール。

コイ・ナマズの仲間

コイの仲間

ラスボラなど、水景を美しくする熱帯魚たちは、丈夫で飼いやすい品種です。

ラスボラ・ヘテロモルファ

DATA	
原産地	タイ、マレーシア、インドネシア
全　長	3～4cm
水　温	22～27℃
水　質	弱酸性

ラスボラ属の代表的な品種で、単にラスボラとも呼ばれている。淡いオレンジ色の体に、三角形の濃い模様が入っているのが特徴。水質にも合いやすく丈夫で安価なので、初心者にも飼いやすい。

ラスボラ・ヘンゲリー

DATA	
原産地	インドネシア
全　長	3cm
水　温	22～27℃
水　質	弱酸性

ヘテロモルファに似ているが、体はやや小さく、三角の模様も細めに入っている。体に透明感がある分、模様がくっきりと浮き出ている。飼い方は変わらないが、ヘテロモルファよりやや弱い。

ラスボラ・エスペイ

DATA	
原産地	タイ、マレーシア、インドネシア
全　長	3cm
水　温	22～27℃
水　質	弱酸性から中性

ヘテロモルファよりも体高（たいこう）が低く、少しほっそりとした印象のラスボラ。水質にも合いやすく飼育は簡単な品種。弱酸性の水にすると、体色のオレンジがより強く、美しく出てくる。

ゼブラダニオ

DATA	
原産地	インド東部、バングラディシュ
全　長	4～5cm
水　温	22～27℃
水　質	弱酸性から中性

コイの仲間でももっともポピュラーな熱帯魚のひとつ。体から尾ビレまでストライプのラインが入った独特のゼブラ柄が美しく、すばやく泳ぎ回るので水槽にも映える。群れで泳がせるのもおすすめ。

コイ・ナマズの仲間は東南アジアを中心に生息している種類が多く、日本の金魚や鯉とも同じ分類に入る魚たち。小型で飼いやすい種類も多い。

PART4 初心者向き！熱帯魚カタログ　コイ・ナマズの仲間

アカヒレ

DATA	
原産地	中国
全長	4〜5cm
水温	20〜27℃
水質	弱酸性から中性

低水温にも強く、「コップでも飼える熱帯魚」として販売されるほど丈夫な品種。名前の通り、赤く染まった尾ビレが特徴。ほかの種類との混泳もOKなので、いろいろと楽しめる。

アルビノゴールデン・アカヒレ

DATA	
原産地	中国
全長	4〜5cm
水温	20〜27℃
水質	弱酸性から中性

目が赤く、ヒレも赤、体色がゴールデンになった、ゴールデンアカヒレのアルビノタイプの品種。水面近くを泳ぐことが多く、気がやや荒いので、他の品種との混泳は避けたほうがよい。

ゴールデンバルブ

DATA	
原産地	マレーシア（改良品種）
全長	4cm
水温	22〜27℃
水質	弱酸性から中性

ゴールドにも見える明るい黄色に、黒い模様が入ったプンティウスの仲間。とても丈夫で飼いやすいため、昔からポピュラーな魚だが、グリーンバルブが原種といわれる改良種で自然界にはいない。

チェリーバルブ

DATA	
原産地	スリランカ
全長	3〜4cm
水温	22〜27℃
水質	弱酸性

全身が真っ赤な小型のバルブで、野生の個体では、まれに青や紫がかった色のものも見られる。メスよりもオスのほうが、より鮮やかな色になる。性格はおとなしく、混泳も問題なく飼いやすい。

コイ・ナマズの仲間

スマトラ

DATA	
原産地	スマトラ、ボルネオ
全　長	5〜6cm
水　温	20〜27℃
水　質	弱酸性から中性

オレンジがかった体色に深いグリーンの帯模様が入り、存在感のある魚。やや気が荒く、ほかの魚の長いヒレをかじる傾向があるので、グッピー、エンゼル・フィッシュなどとの混泳は不向き。

アルビノ・スマトラ

DATA	
原産地	スマトラ、ボルネオ
全　長	5〜6cm
水　温	20〜27℃
水　質	弱酸性から中性

スマトラのグリーンの色素が抜けたアルビノ種は、オレンジに白の模様が美しく、まったくちがったイメージになる。性質はスマトラと同じで、丈夫さと飼いやすさも変わらない。

グリーン・スマトラ

DATA	
原産地	スマトラ、ボルネオ
全　長	5〜6cm
水　温	20〜27℃
水　質	弱酸性から中性

体のほぼ全体、背ビレにまでブルーに近いグリーンの部分が広がった改良品種。よい状態にあると、深いグリーンが美しく発色する。スマトラは水草も食べるので、やわらかい水草は避けること。

サイヤミーズ・フライングフォックス

DATA	
原産地	タイ、マレーシア
全　長	13cm
水　温	22〜27℃
水　質	弱酸性から中性

細い流線（りゅうせん）型の体で、中心に入った太く黒いストライプが特徴。ものをなめる習性があり、流木や水草についたコケを取る魚としても人気。性格がおとなしく小型魚との混泳もできる。

クラウンローチ

DATA	
原産地	インドネシア
全長	10〜15cm
水温	22〜27℃
水質	弱酸性から中性

オレンジの体に黒いしまが入るドジョウの仲間。東南アジアで養殖（ようしょく）されている。野生では30cmほどに成長するが、飼育下ではあまり大きくならない。

クーリーローチ

DATA	
原産地	東南アジア
全長	8cm
水温	22〜27℃
水質	弱酸性から中性

黒とオレンジの色合いで知られる、熱帯ドジョウの仲間。模様は個体差がある。水槽の底にいるので、底に沈むエサを与えるとよい。

ナマズの仲間

キュートなスタイルとしぐさで人気が高いコリドラスはナマズの仲間。ほかにもかわいい魚がたくさんいます。

オトシンクルス・アフィニス

DATA	
原産地	アマゾン河
全長	5cm
水温	22〜27℃
水質	弱酸性から中性

ナマズの仲間でもっともポピュラーな品種で、価格も安い。平たい体でガラス面や水草にはりつきコケを食べてくれる、コケとり役として人気。

トランスルーセント・グラスキャット

DATA	
原産地	インドネシア、マレー半島、タイ
全長	8cm
水温	22〜27℃
水質	弱酸性から中性

体が透明で骨がすけて見える小型ナマズ。おとなしく混泳も可能。飼育はむずかしくないが、水質が悪いと体色がにごってくる。

アルビノ・ブッシー・プレコ

DATA	
原産地	アマゾン河
全長	10cm
水温	22〜27℃
水質	弱酸性から中性

ブッシー・プレコのアルビノタイプ。ブッシー・プレコはオスの顔にゴツゴツしたヒゲがあるのが特徴。コケや藻（も）をよく食べる。

コイ・ナマズの仲間

コリドラス・アエネウス

DATA	
原産地	アマゾン河
全 長	7cm
水 温	22〜27℃
水 質	弱酸性から中性

通称、「赤コリ」と呼ばれ、コリドラスの中でももっともメジャーな品種。底のエサを食べるそうじ役。東南アジアで養殖され、安価で手に入る。丈夫で飼いやすく、環境が整えば繁殖も楽しめる。

アルビノ・コリドラス

DATA	
原産地	アマゾン河
全 長	7cm
水 温	22〜27℃
水 質	弱酸性から中性

コリドラス・アエネウスのアルビノタイプで、通称「白コリ」と呼ばれている。色素が抜けたアルビノで体全体が白く、赤目となっている。東南アジアで多く養殖されているポピュラーなコリドラス。

コリドラス・ステルバイ

DATA	
原産地	ブラジル
全 長	5〜6cm
水 温	22〜27℃
水 質	弱酸性から中性

丸みのある体と、体からヒレまですべてに入った、黒褐色と白のアミメ模様が特徴的。頭部に金色のスポット、胸ビレにオレンジが入る美しさで、コリドラスの中でも人気の高い品種。

アルビノ・コリドラス・ステルバイ

DATA	
原産地	ブラジル
全 長	5〜6cm
水 温	22〜27℃
水 質	弱酸性から中性

最近、ショップでも見られるようになってきたコリドラス・ステルバイのアルビノ種。透明感のある美しい色合いで、人気も高い。丈夫で飼いやすく、ほかの品種との混泳もOK。

コリドラス・パンダ

DATA	
原産地	ペルー
全長	5cm
水温	22～27℃
水質	弱酸性から中性

白い体に顔、背ビレ、尾筒と部分的に黒が入っているところから、コリドラス・パンダのネーミングがされている。東南アジアでの養殖と現地の採集個体とがあり、水質にはやや敏感な面もある。

コリドラス・アドルフォイ

DATA	
原産地	ブラジル
全長	4cm
水温	22～27℃
水質	弱酸性から中性

明るいクリーム色の体色に、肩に入ったオレンジ色、背と背ビレ、顔に入った黒がポイント。弱酸性の水を好み、弱酸性にかたむいた水質で飼うと体調がよく、発色も鮮やかになる。

コリドラス・ジュリー

DATA	
原産地	ペルー
全長	5cm
水温	22～27℃
水質	弱酸性から中性

頭部にはまだら模様、体にはストライプ模様が入ったコリドラス。コリドラス・トリリネアートゥスと大変よく似ているため、まとめて同じ扱いで売られていることも多い。

コリドラス・ピグマエウス

DATA	
原産地	ブラジル
全長	2cm
水温	22～27℃
水質	弱酸性から中性

成長しても2cmにしかならない小さなコリドラスで、ピグミー・コリドラスとも呼ばれる。多種との混泳よりも、10匹以上の群れで入れて飼うのがおすすめ。水槽になれれば丈夫で飼いやすい。

PART4 初心者向き！熱帯魚カタログ　コイ・ナマズの仲間

コイ・ナマズの仲間の飼い方

小さくてかわいいコイの仲間や、個性的なナマズの仲間たち。混泳させてもよし、一品種にこだわって飼うのもいいでしょう。

丈夫で飼いやすいコイ・ナマズの仲間

コイの仲間は、丈夫で初心者にも飼いやすい種類が多くそろいます。小型の魚同士は混泳もできますが、スマトラなど一部の気が荒い魚たちは注意しましょう。

ナマズの仲間は水底にいるものが多く、底のエサなどを食べるそうじ役にもなってくれます。コリドラスはナマズの代表的な魚で、混泳水槽の脇役として人気。種類が豊富で、コリドラスだけを複数飼いする人も多いようです。

コリドラスは底のエサを食べるそうじ役でもある。

コリドラスの繁殖

コリドラスを複数で入れていると、自然とペアができて繁殖することもあります。

繁殖させたいときは、一時的に水温を23℃くらいに下げましょう。ペアができると、追いかけるようにいっしょに泳ぐようになり、ガラスに産卵します。同じ水槽の中に産卵箱をセットし、その中に卵を移して親に食べられるのを防ぎます。

稚魚が生まれたら、別の水槽に移動し、ブラインシュリンプ（P76）を与えて育てましょう。

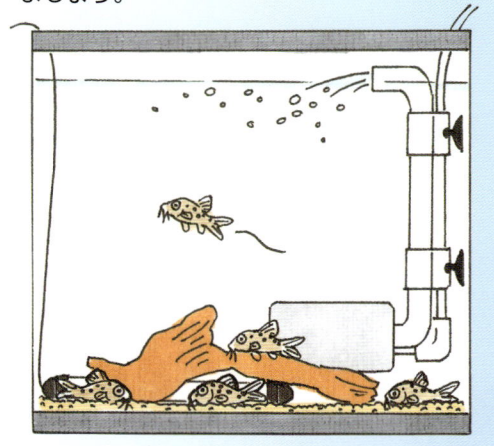

コイ・ナマズの仲間の水槽セッティング

水温計 22〜28℃。

ろ過フィルター
小型水槽は外がけフィルターが便利。大型水槽なら上部式がおすすめ。吹き上げ式にするなら外部フィルターを。

水草 水草を植える。

ライト 1日10時間は点灯。

ヒーター オートヒーターが便利。

底砂 底には砂利を入れる。細かい砂利を好む。

水槽 30cm程度の小型水槽から60cmの大型水槽までOK。

水槽とろ過フィルター

小さな種類のコイとコリドラス程度なら、小型水槽でもOK。20cm水槽なら合計10匹以内にしましょう。フィルターはどのタイプでも使えるので、水槽の大きさや予算に合わせて選びます。

ナマズの仲間やコリドラスのみを飼うなら、高さのない水槽を使うのもよいでしょう。

コリドラス水槽は、砂利を使って吹き上げ式にすると、底で遊ぶ様子が見られて楽しい。

水槽の環境

水温は22〜28℃程度ですが、低くても対応できる種類もいます。水質は弱酸性から中性に保ちましょう。

エサと世話

エサは小型熱帯魚用の配合飼料を、1日1〜2回与えます。ナマズの仲間は底に落ちたエサやコケなどを食べますが、専用の沈むタイプのエサをあげるのがおすすめです。

月に1〜2回、部分的に水換えをします。

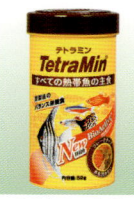

コイにはフレーク状フードが便利。

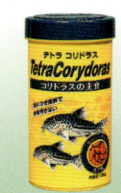

コリドラス用フード。

草食性が強い品種には専用フードを。

PART 4 初心者向き！熱帯魚カタログ　コイ・ナマズの仲間の飼い方

ベタ・グラミーの仲間

ベタの仲間

水面から口を出して酸素を取り込むため、酸素量の少ない小さな水槽でもOK。オス同士は激しく争うため単独飼いが基本。

DATA

原産地	タイ、カンボジア（改良品種）
全長	7～8cm
水温	22～27℃
水質	弱酸性から中性

トラディショナルベタ

原種のベタ・スプレンデンスを改良した、もっともポピュラーなベタ。全身が赤いレッドベタは、ほかの色が混ざらないものほどよいとされる。体色はほかに、白、ブルー、マーブルなど。尾ビレが大きく割れたダブルテールと呼ばれる改良種もある。水槽に単独で入れるのがよい。

ショーベタ

ショーに出品するために、特別に繁殖（はんしょく）されているベタをショーベタと呼ぶ。各ヒレがとても大きく、ヒレを開いたときの美しさ、カラーのあざやかさなどがポイント。トラディショナルベタよりも、体がやや大きい。

オスは単独かペアで飼育すること。

ベタ、グラミーはアナバスの仲間に分類され、ルックスも生態系も個性的な魚たちです。
好みの種類をみつけて飼いこむのもおすすめ！

グラミーの仲間

グラミーに見られる2本のヒゲのようなものは、胸ビレが変化したもの。グラミーは混泳もできますが、ペア飼いで繁殖行動を観察するのも楽しいです。

パール・グラミー

DATA	
原産地	マレー半島、インドネシア
全長	10cm
水温	22〜27℃
水質	弱酸性

体からヒレまで、パール状のスポットが入ったグラミー。成長したオスは、のどから腹部にかけてオレンジ色が入りとても美しい。触覚（しょっかく）のように細い胸ビレは、グラミーの仲間の特徴。

ゴールデンハニー・ドワーフ・グラミー

DATA	
原産地	改良品種（バングラディシュ）
全長	4cm
水温	22〜27℃
水質	弱酸性

名前の通り、ハチミツのような淡い黄色をしている。ハニードワーフ・グラミーの改良種。飼いこんで状態がよいと、ヒレの先端が赤く染まって美しい。小型でほかの魚との混泳もおすすめ。

ドワーフ・グラミー

オス
メス

DATA	
原産地	インド
全長	6cm
水温	22〜27℃
水質	弱酸性

オスはオレンジにブルーが斜めに入った模様が鮮やかで、メスはブルーがかったシルバー一色で地味な体色。ほとんどは養殖個体だが、まれにインドから採集個体が入ることもある。混泳も可。

レッド・グラミー

DATA	
原産地	インド、ミャンマー
全長	8cm
水温	22〜27℃
水質	弱酸性

ミャンマー原産のシックリップ・グラミーの改良種で、オレンジがかった赤い体色が特徴。ポピュラーで手に入れやすく、水質にもこだわらずに飼育しやすい。ほかの小型魚との混泳も可能。

シルバー・グラミー

DATA	
原産地	タイ、ベトナム
全長	15cm
水温	22〜27℃
水質	弱酸性

全身がシルバーで、メタリックに輝く美しいグラミー。英名ではムーンライト・グラミーと呼ばれている。大きくなるので、小型の魚との混泳は不可。大型の水槽で優雅（ゆうが）に泳ぐ姿を楽しみたい。

コバルトブルー・グラミー

DATA	
原産地	東南アジア（改良品種）
全長	6cm
水温	22〜27℃
水質	弱酸性

ブルーとオレンジ色の入ったドワーフ・グラミーを改良し、鮮やかなブルーを多く出した品種。ブルーが濃く、メタリックな輝きが美しい。飼育法はドワーフ・グラミーと同じで、水槽の水になじめば飼いやすい。

バルーンキッシング・グラミー

DATA	
原産地	東南アジア
全長	20cm
水温	22〜27℃
水質	弱酸性

2匹が向かい合ってキスすることで有名なグラミーだが、これは互いに威嚇（いかく）している行動。性格は荒めで体長も大きいので、小型魚との混泳はしないほうがよい。

チョコレート・グラミー

DATA	
原産地	マレーシア、ボルネオ、スマトラ
全長	5cm
水温	22〜27℃
水質	弱酸性

チョコレートの地色に白い模様が入り、丸みのある小型。「チョコグラ」の愛称で人気だが、グラミーの中では、飼育はややむずかしい。赤味の強い亜種も見られる。

ベタ・グラミーの仲間の飼い方

アナバスの仲間に分類され、東南アジアを中心に分布するベタとグラミー。混泳もできますが、1種をペア飼いして楽しむのもおすすめです。

特殊な呼吸器官をもつアナバスの仲間

　ベタやグラミーの仲間は、熱帯雨林の川や池、沼などに生息します。最大の特徴は、ラビリンス（迷宮器官）と呼ばれる補助呼吸器官を持つこと。水中の酸素が不足すると水面から口で空気を吸い、ラビリンスを通して酸素を取り入れることができるのです。そのため、小さな水槽やエアレーションなしでも飼えます。ただし、水質保持のためには、フィルターをつけたほうがよいでしょう。ペアで飼うと繁殖も楽しめます。

水槽セッティングの例

水槽　飼育する種類に合わせてセレクト。30〜60cmがおすすめ。

ろ過フィルター

水温計

ライト

オートヒーター

底砂

水草

水槽と飼育環境

　グラミーは15cm以上まで成長する種類もあるので、水槽はサイズによって大きめを選びます。10cmを超える品種は45cm以上の水槽にしましょう。フィルターはどれも使えますが、水槽に合わせてろ過能力が高めのものがおすすめです。
　水温は22〜27℃、水質は弱酸性を好みます。

エサと世話

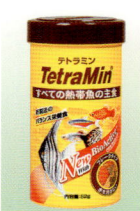

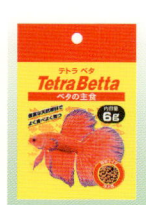

　熱帯魚用の配合飼料を1日1〜2回与えること。グラミーはコケも食べます。ベタはやや肉食傾向があるので、ベタ用のエサを与えましょう。

グラミーには熱帯魚用配合飼料を与える。

ベタ専用フード。

PART 4　初心者向き！熱帯魚カタログ　ベタ・グラミーの仲間の飼い方

エンゼル・フィッシュの仲間

エンゼル・フィッシュ

ひし形の体型と輝くウロコが、熱帯魚らしさを感じさせる美しい魚。原種は白っぽい体色に、タテに黒いラインが入っているが、現在はさまざまな改良種のほうがポピュラーになっている。産卵すると、ペアで子育てをする様子が観察できる。

DATA	
原産地	アマゾン河、ギアナ、改良品種
全長	12～15cm
水温	22～27℃
水質	弱酸性から中性

ドゥメリリ・エンゼル

原種エンゼルのひとつで、レオポルディ・エンゼルとも呼ばれる。ドゥメリリは旧学名に由来する名前で、ブラジリアン、ロングノーズなどの別名もある。頭から口までが長く見えるのが特徴。

トリカラーブラッシング・エンゼル

白、黄、黒の3色が出たトリカラー。白、黒の2色模様の場合は、マーブルと呼ばれる。ウロコが透明（とうめい）のブラッシングタイプなので、エラがピンクにすけ、体もすき通っている。

ダイヤモンド・エンゼル

体表のウロコに細かいシワがよっているために、ダイヤモンドのように輝いているのが特徴。ウロコの突然変異を固定し、作られた改良品種。ダイヤモンドはライトが当たると反射して、とくに美しく人気も高い。

アルビノブラッシング・ダイヤモンド・エンゼル

ブラッシング・ダイヤモンドエンゼルから、色素が抜けたアルビノタイプ。体は透明感がある白一色で、アルビノの特徴である赤目が出ている。アルビノの人気は高く、なかなか見られないが、価格的にはそれほど変わらない。

南米、アフリカを中心に生息するシクリッドの代表品種。
シクリッドの仲間では飼いやすい魚で、もっとも初心者向け。

レッドトップマーブル・エンゼル

目の上から背中にかけて赤が入るのが、レッドトップと呼ばれる品種。赤が濃く、頭部に広く出るのがよい。赤を鮮やかにするためには、市販の色揚げ用配合飼料を与えるとよい。写真はマーブルにレッドトップが出ているもの。

ゴールデンベール・エンゼル

全身が黄色で頭部がさらに濃い色になったタイプをゴールデン、頭部が赤くなったタイプをレッドトップという。写真はゴールデンで、各ヒレが長く伸びたベールテールタイプ。長いヒレのエンゼルは、ヒレをかじるような魚とは混泳させないこと。

シルバーダイヤモンド・エンゼル

原種の体色から黒、赤が抜けたタイプを、シルバー、プラチナなどと呼ぶ。写真はシルバーでさらに、ウロコが輝くダイヤモンドの特徴も出た美しいタイプ。

ダイヤモンドマーブル・エンゼル

白のダイヤモンドエンゼルに、マーブル模様が入ったタイプ。ウロコがダイヤモンドのように細かく反射し、白の部分が多いほど美しい。

エンゼル・フィッシュの飼い方

存在感も美しさもあり、人気ナンバーワンの熱帯魚。小さな頃から飼って、大きく育てる楽しみもあります。

大きめの水槽で混泳には注意！

エンゼル・フィッシュは、500円玉くらいの小さな頃から売られています。飼育はむずかしくありませんが、初心者は少し成長したエンゼルを選ぶとよいでしょう。

エンゼルは体長だけでなく体高もあり、ヒレも長いので、小さな水槽ではせまくなります。入れる数は少なめにし、ある程度大きな水槽で飼うこと。また、ヒレをかじる魚との混泳は、避けるようにします。ネオンテトラなどを追い回したり食べてしまうこともあるので、大きく成長したエンゼルと小型魚の混泳もできません。

水槽セッティングの例

水槽 小さいうちは小型水槽でもOK。成長後は45〜60cm水槽を。

ろ過フィルター

水温計　**ライト**

オートヒーター　**底砂**　**水草**

水槽と飼育環境

大きく成長するので、幅45cm以上の水槽が理想。フィルターはどれでも使えますが、大きい水槽であれば上部式や外部式などを。

水質は弱酸性から中性。繁殖個体は神経質にならなくてOK。水温は22〜28℃が適温です。

エサと世話

配合飼料を1日、1〜2回。イトミミズも大好きです。エサをよく食べ、フンも多いので、水換えは月に1〜2回、全体の3分の1から半分を換えましょう。

エンゼル・フィッシュ用の配合飼料。

エンゼル・フィッシュの繁殖

エンゼルは産卵後もペアで子育てをするめずらしい魚です。産卵後はあまり水槽をのぞかず、子育てを見守りましょう。

PART 4

初心者向き！熱帯魚カタログ

エンゼル・フィッシュの飼い方と繁殖

産卵からふ化まで子育てを見守ろう

　繁殖させたいなら、はじめは5、6匹のエンゼルを飼い、ペアができるのを待ちます。オス、メス2匹でよりそって泳ぎ、なわばりを作っているようなら、そのペアを繁殖用の水槽に移動して、産卵（さんらん）させましょう。産卵筒（さんらんとう）にメスが卵を生みつけたら、その後は1日中ライトをつけておきます。

　親は産卵後も胸ビレで空気を送ったり、卵を口で移動させたり、ふ化まで世話をします。

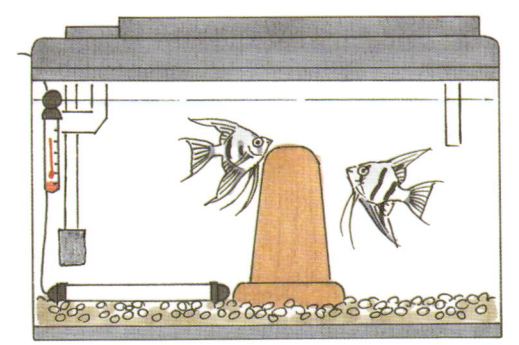

産卵用水槽は吸い口にスポンジをつけ、産卵用の筒（つつ）を入れる。筒の代わりにアマゾンソードなど水草を入れてもよい。

1 メスが産卵するとオスが放精（ほうせい）して受精。ふ化は2〜3日後。

2 ふ化直後の稚魚（ちぎょ）。そっと見守ること。

3 4〜6日後、泳ぎはじめたら、毎日2〜3回ブラインシュリンプを与える。

4 親のまわりを泳ぐ稚魚たち。

5 生後約20〜30日でエンゼルらしい体型に。

6 2か月で約3cmに成長。配合飼料やイトミミズを与える。

フグの仲間と
フグの飼い方

淡水魚のアベニーパファと汽水魚のミドリフグが代表種。混泳には向きませんが小型水槽で飼えます。

アベニーパファ

DATA	
原産地	インド
全　長	2〜3cm
水　温	22〜27℃
水　質	中性から弱アルカリ性

3cmほどまでしか成長しない、とても小さな淡水フグ。黄色の体に黒の斑点が特長。フグの中ではおとなしい性格だが、ヒレが長い種類との混泳は避けたほうがよい。アベニーパファだけで数匹入れて、ペアができれば繁殖も期待できる。

ミドリフグ

DATA	
原産地	東南アジア
全　長	6〜8cm
水　温	22〜27℃
水　質	弱アルカリ性

淡い緑に黒い水玉模様のフグ。タイを中心に、河川の上流から河口の汽水域まで、広い範囲に生息している。塩分のない淡水でも飼えるが、水質の悪化や酸性に傾かないように注意が必要。水草やほかの魚をかじるので、混泳はできない。

アベニーパファは淡水飼育でOK！

アベニーパファは淡水魚なので、ほかの熱帯魚と同じように飼育できます。水草を入れてもOKです。

●ミドリフグは弱アルカリ性で飼う

ミドリフグはなんでもかじる性質なので、フグだけで飼うようにします。弱アルカリ性の水を好むため、サンゴ砂などアルカリ性に傾けるものを底砂(そこすな)にするのがおすすめです。

水槽と飼育環境

水槽は20〜30cmの小型水槽でも大丈夫。フィルターは水流が強すぎず、ろ過能力が高めのものがよいでしょう。

アベニーパファは20cmの水槽で10匹程度入れてOK。水は普通の熱帯魚と同じ弱酸性です。水草を植えると落ち着きます。

ミドリフグはサンゴ砂を底砂やろ過フィルターに入れ、水質は弱アルカリ性を保ちます。汽水魚なので、飼育水に塩を加えてもよいでしょう。

水槽セッティングの例

アベニーパファ用
- 小型水槽
- ライト
- 外がけフィルター
- 水温計
- 水草
- オートヒーター
- 砂利（大磯砂など）

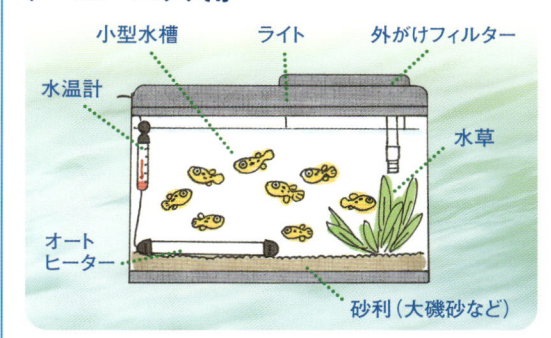

ミドリフグ用
- 小型水槽
- ライト
- 外がけフィルター
- 水温計
- オートヒーター
- 砂利（サンゴ砂など）

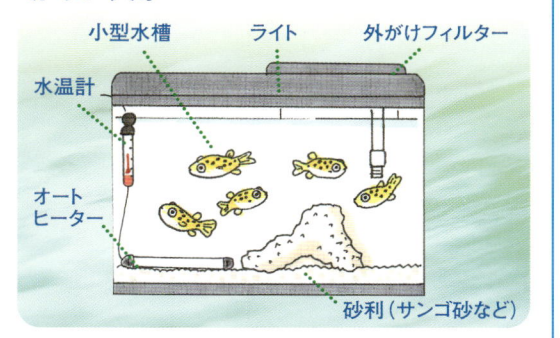

エサと世話

配合飼料だけでなく、クリル（乾燥飼料）や冷凍アカムシ、イトミミズなどをあげます。新しい水を好むので、水換えは週に1回、3分の1ほど換えるとよいでしょう。

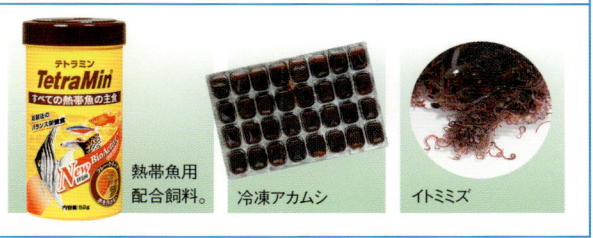

熱帯魚用配合飼料。　冷凍アカムシ　イトミミズ

アベニーパファの繁殖にトライしよう！

ミドリフグは汽水魚なので、飼育下での繁殖はむずかしいですが、アベニーパファは比較的簡単に繁殖させることができます。

水槽に、オスとメスを複数入れると、自然にペアができてオスがメスを追い回すようになります。

●ペアを水槽に残して肉食性のエサを与える

ペアができたらペアを水槽に残し、ほかのフグを別の水槽に移動すると成功率が高まります。親魚には、イトミミズなど生き餌をいつもたっぷりあげ、ウィローモスを入れて産卵を待ちましょう。

産卵した卵はウィローモスごと別の水槽に移動するか、卵を産卵箱へ移動。約5日でふ化。ブラインシュリンプ（P76）を与えて育てましょう。

オス　発情すると体の横のラインが濃くなる。

メス　体の横のラインが薄く、体型もふっくらしている。

複数のフグを入れてペアができるのを待つ。産卵床のウィローモスを入れておくこと。

PART 4　初心者向き！熱帯魚カタログ　フグの仲間とフグの飼い方

105

エビ・貝の仲間

エビの仲間

レッドビーシュリンプやヤマトヌマエビが一般的。熱帯魚との混泳が可能なのでコケ掃除役としてもおすすめです。

レッドビーシュリンプ

紅白が鮮やかな人気の小型エビ。ビーシュリンプを赤味を強く改良したもの。流木とウィローモスなどのシンプルなレイアウト水槽に入れると、とても映えて美しい水槽になります。

DATA	
原産地	中国南部、香港
全 長	2～3cm
水 温	20～27℃
水 質	中性から弱アルカリ性

SSグレード

Sグレード

Aグレード

レッドビーシュリンプのグレード

　レッドビーシュリンプは、とても人気が出ている品種で、飼育者による繁殖もさかんです。
　繁殖自体は自然にでき、より美しい個体を作るという楽しみ方も広まっています。そのため、発色や色の入り方によってAからSSSクラスまでグレード分けされ、理想的な色合いのものは、かなり高値がついています。

水槽のマスコットとして人気上昇中のエビ。そして、コケを食べてくれる貝たち。
マスコットとしてだけでなく、美しいエビを単独で楽しむ人が増えています。

PART4 初心者向き！熱帯魚カタログ　エビ・貝の仲間

レッドビーシュリンプ（日の丸）

背中の赤の入り方が、日の丸のように見えるタイプ。大きく成長しても、くっきりと日の丸が残るのがよいとされている。

レッドビーシュリンプ（進入禁止）

背中の赤が、交通標識（ひょうしき）の進入禁止のマークのように入った個体。偶然（ぐうぜん）に出る模様なので、希少価値（きしょうかち）が高い。

エビたちがコケを食べたり、行動する様子を観察するのも楽しい。

レッドビーシュリンプだけの小型水槽。

107

エ ビ ・ 貝 の 仲 間

元祖ビーシュリンプ

DATA	
原産地	中国南部、香港
全　長	2〜3cm
水　温	20〜27℃
水　質	中性〜弱アルカリ性

突然変異で赤を固定したレッドビーシュリンプの原種で、黒と白の渋い色合いの小型エビ。ブラックビーシュリンプとも呼ばれる。原産地では絶滅したといわれるが、国内の繁殖個体が流通している。

ビーシュリンプ

DATA	
原産地	中国南部、香港
全　長	2〜3cm
水　温	20〜27℃
水　質	中性〜弱アルカリ性

体色に透明感のある黒と白のエビ。80年代に登場して以来、人気の品種で、現在も国内繁殖個体が出回っている。元祖ビーシュリンプ、ビーシュリンプとも、レッドビーシュリンプとの交配（こうはい）も可能。

ヤマトヌマエビ

DATA	
原産地	日本
全　長	5cm
水　温	15〜27℃
水　質	弱酸性から中性

日本、東アジアの渓流（けいりゅう）に生息し、低水温に強い。体はすき通り褐色のスポットが入っているのが特徴。草食性が強くコケを食べるので、熱帯魚水槽に混泳させるのもおすすめ。

ミナミヌマエビ

DATA	
原産地	日本
全　長	3cm
水　温	15〜27℃
水　質	弱アルカリ性

最大でも3cmまでしかならない小型のエビ。コケを食べ、混泳させるのも可能。透明な体は、グリーンがかったタイプも見られる。価格は安いが、ショップではヤマトヌマエビより流通が少なめ。

貝の仲間

ガラス面や水草のコケを食べてくる貝の仲間は、ぜひ水槽に入れたいマスコットたちです。

石巻貝

DATA	
原産地	日本、台湾
全長	3cm
水温	15〜27℃
水質	弱酸性から中性

ガラス面や流木などにはりつき、コケを食べてくれる巻き貝。どんどん増えるタイプの貝ではなく、水槽内では増えないので、水草が荒らされることもなく安心。

ゴールデンアップルスネイル

DATA	
原産地	南米
全長	4〜5cm
水温	15〜27℃
水質	弱アルカリ性

鮮やかな黄色が美しく、観賞用として輸入されていて、和名はスクミリンゴガイ。通称、ジャンボタニシと呼ばれ、日本の水田などにも野生化したものが見られる。コケよりも底のエサなどを食べる。

レッドラムズホーン

DATA	
原産地	東南アジア
全長	2cm
水温	15〜27℃
水質	中性から弱アルカリ性

鮮やかな朱色が美しい小さな巻き貝。インドヒラマキガイのアルビノタイプで、ノーマル種は茶色から黒っぽい。コケはそれほど食べないが、カラフルで目立つので水槽のマスコットとしておすすめ。

シマカノコ貝

DATA	
原産地	南太平洋
全長	2cm
水温	15〜27℃
水質	中性から弱アルカリ性

しま模様が特徴的なアマオブネガイ科の巻き貝でマングローブ林などに自生。見た目からブラウンゼブラスネールなどとも呼ばれる。淡水では繁殖はできない。ガラス面や水草につくコケをよく食べる。

エビ・貝の仲間の飼い方

魚たちと同じように飼育できるエビ、貝の仲間。
主役にもコケ取り役にもなる人気モノ。

人気のビーシュリンプは小型水槽でも飼育OK！

水槽のコケを食べてくれる脇役のイメージが強いエビですが、かわいさと色の美しさから、人気が急上昇中です。小型水槽に水草といっしょに入れるだけで、きれいな水槽が完成します。

貝の仲間も、色や形がきれいな品種が出ています。魚と混泳させて、コケとりに活躍してもらいましょう。

ビーシュリンプの繁殖

繁殖個体のビーシュリンプは丈夫で、水槽の水でも比較的簡単に繁殖できます。繁殖させるときは、稚エビが魚に食べられないよう、エビだけを数匹以上で飼うこと。ウィローモスなどコケ類の水草を入れると、自然に繁殖します。メスは腹部に卵を持ち、流木などの陰でふ化するまで抱卵。稚エビはコケなどを食べて育ちます。

メスはお腹に卵を抱く。ふ化まで約3週間抱卵。お腹の茶色く見えるのが卵。

稚エビ（親の左上）は、2mmもない極小サイズ。コケを食べるが、配合飼料をくだいて与えてもよい。

エビ・貝の仲間の水槽セッティング

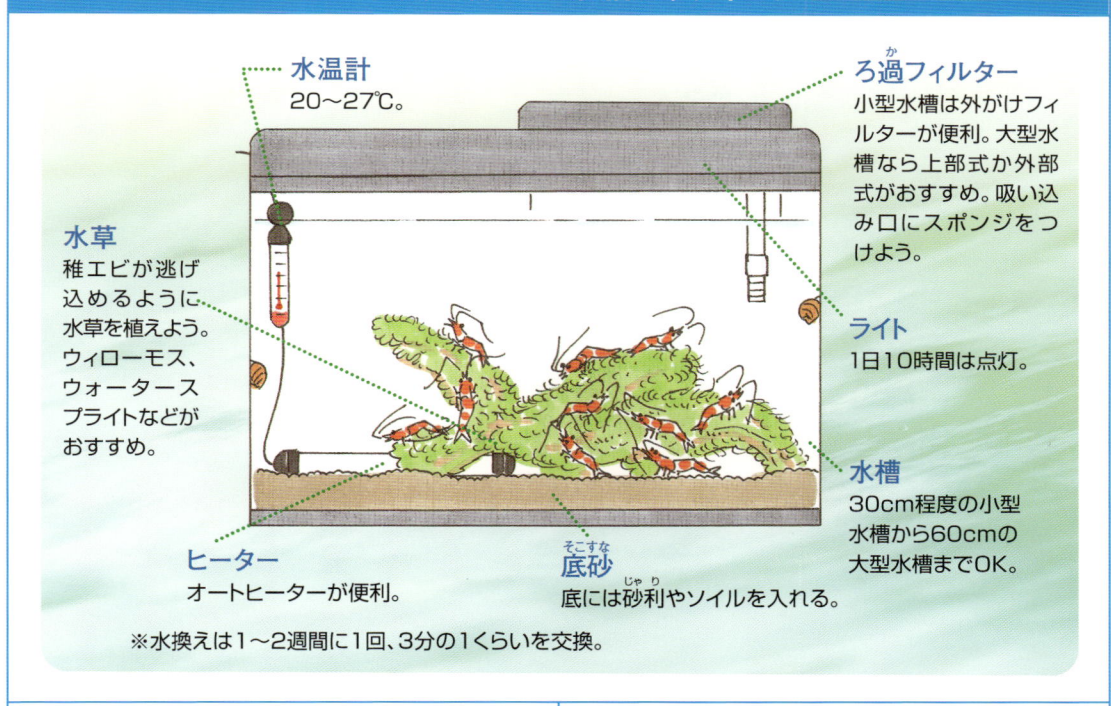

水温計
20〜27℃。

ろ過フィルター
小型水槽は外がけフィルターが便利。大型水槽なら上部式か外部式がおすすめ。吸い込み口にスポンジをつけよう。

水草
稚エビが逃げ込めるように水草を植えよう。ウィローモス、ウォータースプライトなどがおすすめ。

ライト
1日10時間は点灯。

水槽
30cm程度の小型水槽から60cmの大型水槽までOK。

ヒーター
オートヒーターが便利。

底砂
底には砂利やソイルを入れる。

※水換えは1〜2週間に1回、3分の1くらいを交換。

水槽とろ過フィルター

エビだけで飼うなら、小型水槽で十分に楽しめます。ビーシュリンプなどは、20cm水槽で15〜20匹入れてOK。熱帯魚水槽に脇役として入れる貝は、30cm水槽で2、3匹。小型水槽ならフィルターは外がけ式が便利。繁殖させるなら、吸い込み口にスポンジをつけるとよいでしょう。

水槽の環境

水温は20〜27℃が適温ですが、ほかの魚よりも高温に弱く25℃くらいでも十分。エビの小型水槽はとくに、夏にはファンなどをつけて水温上昇に注意しましょう。

エサと世話

エビは草食性が強い雑食性で、ウィローモスなどの水草もエサとなります。配合飼料でもよいのですが、ゆでたホウレンソウをよく食べます。

ほうれんそうをさっとゆでて入れる。残したぶんは、毎日交換すること。

名アクアリストへの道！

初心者には飼育がむずかしい熱帯魚たち

ここでは初心者向きではない熱帯魚を紹介します。水質に対して敏感な魚、大型魚や肉食魚は、熱帯魚の飼育になれてからトライすることをおすすめします。

飼育水を作るのがむずかしい魚

生息地の水に特徴がある、水の変化に弱いなど、水質を合わせるのがむずかしい品種。一般的にはポピュラーでない、高価な品種もあります。

ディスカス

DATA

原産地	アマゾン河
全　長	16cm
水　温	27～30℃
水　質	弱酸性の軟水

エンゼル・フィッシュと並ぶシクリッドの代表品種。弱酸性の水を好み、水の汚れや変化に敏感なので、亜硝酸塩（あしょうさんえん）濃度が高くならないよう、早めに水換えをすること。水換えは一度に3分の1から4分の1くらい、少しずつ換えます。水温は高めで、とくに幼魚は28～30℃で成長を促すとともに、病気を予防して育てます。

ロイヤルグリーン

アマゾン河の原種グリーン・ディスカスに、赤いスポット模様が入っているタイプ。

アンカレマンガル

ペルー原種の美しいディスカス。

アピストグラマ

中南米原産の小型シクリッド。ペアで飼うと産卵や子育てをする姿が見られます。価格はやや高め。水質に敏感なので、弱酸性の水で25℃前後を保つことが大切です。

アピストグラマ・アガシジィ・レッド

DATA	
原産地	アマゾン河
全長	5〜9cm
水温	24〜25℃
水質	弱酸性から中性

アピストグラマの中でも、もっともポピュラーな種。オスは9cm近くまで大きく成長する。生息場所によって、さまざまなカラーが見られる。

オランダバルーンラミレジィ

DATA	
原産地	ベネズエラ、コロンビア
全長	5cm
水温	24〜27℃
水質	弱酸性

オランダラミレジィの体が丸いバルーンタイプ。東南アジアやヨーロッパの繁殖個体が流通している。水換えをまめにし、亜硝酸塩濃度が上がらないように注意。

卵生メダカ

アフリカに生息するメダカの仲間。飼育水になれにくいので、水合せや水換えは少しずつ行ないます。乾季（かんき）を迎える前に水底に産卵し、卵はそのまま乾季を乗り越えて雨季にふ化するのが特徴。あまりポピュラーな魚ではないので、価格もやや高めです。

アフィオセミオン・ビタエニアタスラゴスsp

DATA	
原産地	ナイジェリア
全長	4cm
水温	24〜26℃
水質	弱酸性から中性

卵生メダカ、アフィオセミオンの代表的な品種。適温の範囲がせまいので注意すること。夏場はファンで水温の上昇を防ぐとよい。寿命は2〜5年。

ノソブランギウス・ガンサアイレッド

DATA	
原産地	タンザニア
全長	6cm
水温	22〜25℃
水質	弱酸性から中性

赤と青の色合いが美しい卵生メダカ。自然界では1年以内で寿命を迎える年魚（ねんぎょ）で、水底に産卵された卵は乾季を乗り越えて雨季にふ化する。

名アクアリストへの道！ 初心者には飼育がむずかしい熱帯魚たち

レインボーフィッシュ

オセアニア原産の小型魚で、川や湖にいる淡水魚だけでなく、川の下流や河口で海水と混ざる汽水域に生息するものもいます。もともとは汽水魚だったレインボーフィッシュですが、熱帯魚として流通している種類は、淡水でも飼育できます。

ネオンドワーフ・レインボー

DATA	
原産地	パプアニューギニア
全長	10cm
水温	15～27℃
水質	中性から弱アルカリ性

メタリックな水色の体色と、ヒレに入る赤い縁取りが特徴。レインボーフィッシュの中では、ポピュラーで比較的飼いやすい品種。

バタフライ・レインボー

DATA	
原産地	パプアニューギニア
全長	3cm
水温	25～27℃
水質	中性

オスのヒレが見事な小型のレインボーフィッシュで、体色と胸ビレの色によってイエロータイプ、ホワイトタイプに分けられる。

アフリカン・シクリッド

アフリカのマラウィ湖原産、中大型シクリッドの仲間。アルカリ性の水を好むので、サンゴ砂や貝殻などを底砂、ろ材に使って水質調整をすること。肉食傾向が強く、シクリッド専用の配合飼料のほか生き餌もあげるとよいでしょう。

パブロクロミス・アーリー

DATA	
原産地	マラウィ湖
全長	20cm
水温	22～28℃
水質	弱アルカリ性の硬水

通称、アーリーと呼ばれるアフリカン・シクリッドの仲間。全身が鮮やかなブルーで、背ビレの縁が銀色になる。口の中で卵や稚魚を育てる習性がある。

ディミディオクロミス・コンプレシケプス

DATA	
原産地	マラウィ湖
全長	24～25cm
水温	20～26℃
水質	弱アルカリ性の硬水

下あごが飛び出たようなユニークな顔。体色は銀色で、婚姻色の出たオスはメタリックブルーとなる。肉食性が強く、口に入るような魚は食べてしまう。

大型魚・肉食魚

大型魚は基本的に単独飼育で、120cm以上の超大型水槽を用意することが飼育の条件。フンも多いので、高機能のろ過フィルターをつけたり、生き餌をあげたりと、お金と手間をかけなければ飼えない魚たちです。

エレファントノーズ

DATA	
原産地	アフリカ
全長	20～22cm
水温	22～28℃
水質	弱酸性から中性

象の鼻のように、下あごの部分が長く延びているのが特徴。生き餌を好むので、冷凍アカムシなどをあげる。なわばり争いをするので単独飼いがよい。夜行性だが、なれれば昼間も活動する。

フラワーホーン

DATA	
原産地	改良種
全長	20～40cm
水温	26～30℃
水質	弱酸性

フラミンゴシクリットとトリマクラートゥスとの雑種で、2001年に紹介された新種。香港（ほんこん）などで人気が高く、カラーによってはとても珍重（ちんちょう）され、高価な値段で取引されている。

ニューギニア・ダトニオ

DATA	
原産地	ニューギニア
全長	40cm以上
水温	25～28℃
水質	中性から弱アルカリ性

ダトニオイデスの新種で、めずらしく高価な魚。もともとは汽水魚なので、新しい水を好む。黄土（おうど）色に黒の太いラインが入り、成長とともに黒化する。

ポリプテルス・ラプラディ

DATA	
原産地	ナイジェリア
全長	60cm以上
水温	22～28℃
水質	弱酸性から中性

竜を思わせるような独特の姿をした古代魚、大型ポリプテルスの仲間。スリムな体型にたてにストライプが入っている。エサは配合飼料のほか金魚などの生き餌もあげること。

セルフィン・キャット

DATA	
原産地	ブラジル、コロンビア
全長	60cm以上
水温	22～28℃
水質	弱酸性から中性

背ビレが大きく、ヒレを広げて泳ぐ姿が見事。大型ナマズの中では入手しやすいが、成長が早く60cmにも成長するので、それに合わせた水槽が必要。

レッドテールキャット

DATA	
原産地	アマゾン河
全長	100cm
水温	22～28℃
水質	弱酸性から中性

幼魚のうちはかわいく、人気が高い。しかし、100cmと大型に成長するので、大きな水槽が必要となる。成長とともに気が荒くなるので、飼育は単独が基本。

名アクアリストへの道！ 初心者には飼育がむずかしい熱帯魚たち

淡水エイ

アマゾン河などの淡水域に生息するエイ。平たく大きく育つので、大型の水槽が必要。値段は種類によってちがうが、高価なものが多い。水質の変化に敏感（びんかん）なため飼うのがむずかしい。

クロコダイル・スティングレー

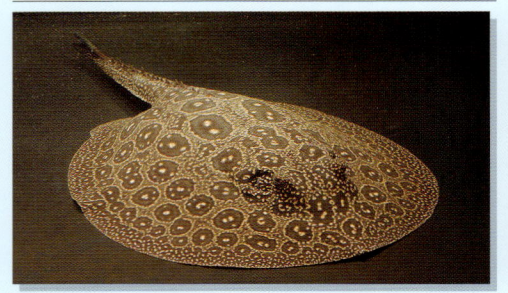

DATA	
原産地	アマゾン河
全　長	100cm
水　温	22〜27℃
水　質	弱酸性から中性

黒に黄土（おうど）色の独特の模様が入っている人気の淡水エイ。入荷が少なく、高価な品種だがいくらか価格は下がってきている。

ポルカドット・スティングレー

DATA	
原産地	アマゾン河
全　長	100cm
水　温	22〜27℃
水　質	弱酸性から中性

黒地に白の水玉模様が入っているのが特徴で、美しさで人気のエイ。ほかの淡水エイと同じく、100cmにもなるので、余裕のある水槽で飼いたい。

アロワナ

熱帯魚ファンあこがれの大型魚、アロワナは小さくても60cm、大きいものでは1mを超える見ごたえある熱帯魚。大型魚用の水槽を設置できること、生き餌をあげられることなどが飼育のポイント。

シルバーアロワナ

DATA	
原産地	アマゾン河
全　長	100cm
水　温	25〜27℃
水　質	中性

アロワナの中でも古くから知られる代表種で、幼魚が比較的安い値段で輸入販売されている。エサは配合飼料や生き餌。180cm以上の超大型水槽を置けることが、飼育の絶対条件となる。

アジアアロワナ

DATA	
原産地	マレーシア、インドネシア
全　長	60cm以上
水　温	25〜27℃
水　質	中性

色合いはバリエーションがあり、赤系やゴールド系などがある。それぞれ細かい通称ネームがついている。エサのバランスによっても発色のよさが左右される。

PART 5

水草の植え方・育て方とトリミング術

水草の役割
水槽の環境をつくる水草の働き

水草は水槽を美しく見せるだけでなく、水質を維持する働きもあります。魚たちが落ち着いて、元気に泳ぐ水槽をつくるためにも水草を入れましょう。

水草が必要な理由
自然に近い環境をつくり水質を保つ働きがある！

熱帯魚の水槽にグリーンのきれいな水草が植えられていると、熱帯魚も美しく映え、見た目にもいやされます。最近では、魚より水草を主役に植え、さまざまな種類の水草をレイアウトして楽しむ水草水槽を楽しむ人も増えています。

水草は、美しいだけではありません。水草があると魚が落ち着ける環境になり、魚たちの隠れ場所にもなるので、ケンカを防ぐ効果もあります。また、水草は水槽で発生する硝酸塩や二酸化炭素を取りこんで成長するため、水質の維持にも役立っているのです。

水草を植えることで自然の環境に近くなる。

水草選びのポイント

水槽のサイズは？
水槽のサイズに合うものを選ぼう。水草は大きく育つものか、高さはどのくらいかをチェック。

熱帯魚の種類は？ 
アマゾン河出身
飼育する熱帯魚と水温や水質が合うものを選ぶ。原産地が近いものを選ぶのがおすすめ。魚が水草を食べないかどうかもチェック。

栽培の難易度は？
CO_2の添加が必要な種類かどうかチェック。水質を合わせるのがむずかしい、たくさんの光量が必要など、世話のポイントを確認して選ぶこと。

水草を選ぶ
ビギナーでも育てやすい水草は？

アクアリウム初心者は、水草の中でも、ポピュラーで飼育が簡単な種類を選ぶのがおすすめです。

●水質を選ばないもの

育てるのが簡単な水草としては、なによりも丈夫なことが大切。幅広い水質に適応力があるものがよいでしょう。

●光量が普通でよいもの

水草の成長には光が必要です。水草によっては、通常よりも多くの光量を必要とし、光が不足するときれいに育たないものもあります。

●CO_2の添加が不要なもの

水中のCO_2だけでは十分に育たない水草には、CO_2を添加するためのシステムが必要です。この手間をかけたくない場合は、CO_2を添加しなくても育つ水草を選びましょう。

ワンポイントアドバイス
水草には肥料を与えたほうがいい？

水草は底砂と水槽内の栄養だけで育ちますが、中には肥料がないと十分に育たない種類もあります。水草をメインにする場合は、養分を含むソイル系（P26）の底砂を使うのが一般的です。

水槽の環境は水質、魚の数などでそれぞれにちがうので、ショップで相談してみるとよいでしょう。また、ろ過フィルターに活性炭を入れると、肥料を入れても養分が吸収されてしまうので注意しましょう。

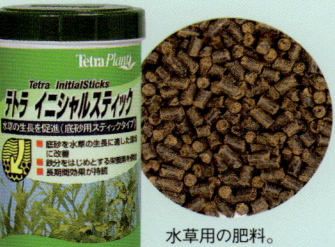

水草用の肥料。底砂に埋めて使うタイプ。

なるほど！コラム Column
水草の種類を知っておこう！

水草の種類は、有茎型、ロゼット型、その他の水草の3つのタイプに分けられます。

有茎水草は、茎に葉をつけていくタイプ。葉の形や大きさ、色合いにより、イメージのちがうさまざまな水草があります。

ロゼットの水草は、株の中心から放射状に葉を出すタイプで、1株でもうまく育てば大きく存在感のある種類です。

その他の水草には、シダやコケに属するものなどがあります。

有茎型
茎に葉がついて伸びるタイプ。写真はウォーター・バコパ。

ロゼット型
株元から放射状に葉が出ているタイプ。写真はアマゾンソード。

水草種類図鑑

ウォーター・ウィステリア 〔有茎〕

DATA	
原産地	東南アジア
水温	20〜28℃
高さ	20〜50cm
水質	弱酸性から中性
光量	少ない
CO_2	少ない

菊の葉のような細い葉が特長で、大型ハイグロフィラの一種。魚がいて窒素（ちっそ）分が多い環境を好む。

アンブリア 〔有茎〕

DATA	
原産地	東南アジア
水温	20〜28℃
高さ	10〜30cm
水質	弱酸性から弱アルカリ性
光量	普通
CO_2	普通

和名ではキクモと呼ばれる。ポピュラーで価格も安いが、きれいに育てるのは意外にむずかしい。成長が早く、光が弱いと茎ばかり伸びてしまう。

マツモ 〔有茎〕

DATA	
原産地	世界各地
水温	15〜28℃
高さ	15〜20cm
水質	弱酸性
光量	少ない
CO_2	少ない

金魚藻ともいわれる国産の藻で、低い水温にも強く丈夫。光量が少なくても育つのでビギナー向き。サンゴ砂を入れたアルカリ性の水には合わない。

アナカリス 〔有茎〕

DATA	
原産地	北米、日本
水温	15〜28℃
高さ	10〜30cm
水質	弱酸性〜弱アルカリ性
光量	少ない
CO_2	少ない

ポピュラーな水草で、低水温にも耐えるので金魚などの水槽によく使われる。水質も選ばず、成長が早く簡単に育つ。まめにトリミングしよう。

美しい水槽に欠かせない水草は、植える配置をイメージして選びます。
熱帯魚が映える水草を植え、より自然の雰囲気に近い環境づくりをしましょう。

PART 5
水草の植え方・育て方とトリミング術　水草種類図鑑

ハイグロフィラ・ポリスペルマ 〈有茎〉

DATA

原産地	アジア
水温	15～28℃
高さ	20～50cm
水質	弱アルカリ性から中性
光量	少ない
CO_2	普通

ハイグロフィラの代表的な品種。丈夫で成長しやすいので人気の水草。背丈があるので、水槽の後景や左右などに植えるとよい。

ハイグロフィラ・ロザエネルビス 〈有茎〉

DATA

原産地	改良品種
水温	22～28℃
高さ	20～50cm
水質	弱酸性から弱アルカリ性
光量	多い
CO_2	多い

ハイグロフィラの新芽部分が赤くなる品種で、葉の模様が美しい。水草本来のきれいな色を出すためには、肥料を与え、CO_2を添加するとよい。

ラージリーフ・ハイグロフィラ 〈有茎〉

DATA

原産地	タイ
水温	20～28℃
高さ	20～50cm
水質	弱酸性から弱アルカリ性
光量	普通
CO_2	普通

明るい緑色の葉が美しく、大きく広がるように成長するのが特徴。光量が不足すると、下葉が枯れることがあるので注意しよう。

ロターラ・ワリッキー 〈有茎〉

DATA

原産地	アジア
水温	20～28℃
高さ	20～50cm
水質	弱酸性
光量	多い
CO_2	多い

フサフサとした葉を持ち、別名リスノシッポと呼ばれる有茎の水草で、赤い色が映える。CO_2を添加すると美しく育つ。光量も多いほうがよい。

ウォーター・バコパ 〔有茎〕

DATA	
原産地	南米
水温	20〜28℃
高さ	20〜50cm
水質	弱酸性から中性
光量	普通から多い
CO_2	普通

丸みのある葉をつける有茎水草。水槽の前面から中景におすすめ。丈夫だが光量は多いほうがよい。

メキシカンバーレーン 〔有茎〕

DATA	
原産地	メキシコ
水温	20〜28℃
高さ	10〜20cm
水質	弱酸性から中性
光量	多い
CO_2	普通

小型の葉をつける有茎水草。栄養不足になると葉の形が悪くなるので、CO_2を添加し光も強くする。

アマゾンソード 〔ロゼット〕

DATA	
原産地	アマゾン河
水温	22〜30℃
高さ	15〜30cm
水質	弱酸性から弱アルカリ性
光量	弱い
CO_2	少ない

ロゼット型水草の代表的な品種。葉が多く大きく成長するので1株で存在感がある。ビギナー向き。

キューピーアマゾン 〔ロゼット〕

DATA	
原産地	アマゾン河
水温	22〜30℃
高さ	15〜20cm
水質	弱酸性から弱アルカリ性
光量	多い
CO_2	普通

アマゾンソードを小ぶりにしたもので、新しい改良品種。葉の先がやや丸くなっているのが特徴で、ラッフルソードという水草にも似ている。

ピグミーチェーンアマゾン 【ロゼット】

DATA	
原産地	南米
水温	15〜28℃
高さ	10〜20cm
水質	弱酸性
光量	少ない
CO_2	少ない

丈が低くランナーで横に増えるので前景に最適。植えかえに弱いので根づいたらあまり移動しない。

アフリカンチェーンソード 【ロゼット】

DATA	
原産地	西アフリカ
水温	20〜28℃
高さ	10〜20cm
水質	弱酸性から中性
光量	普通
CO_2	普通

成長が遅いので、なかなか増えない。水上葉は葉が丸いが、水中葉になると細い葉に変化する。

ピグミーチェーン・サジタリア 【ロゼット】

DATA	
原産地	北米
水温	15〜25℃
高さ	10〜15cm
水質	弱酸性から弱アルカリ性
光量	普通
CO_2	少ない

まっすぐな丈の低い葉が特徴。丈夫で低温に強いので人気がある水草のひとつ。水槽の前景に最適。

アヌビアス・ナナ 【ロゼット】

DATA	
原産地	カメルーン
水温	20〜28℃
高さ	10〜15cm
水質	弱酸性から弱アルカリ性
光量	少ない
CO_2	少ない

深いグリーンの固い葉が美しく、流木や石に活着させてもよい。丈夫で育てやすいので初心者向き。

クリプトコリネ・ベケッティー 【ロゼット】

DATA	
原産地	スリランカ
水温	20〜28℃
高さ	20〜30cm
水質	弱酸性から中性
光量	普通
CO_2	多い

葉は茶色がかった緑で、葉の裏が赤く美しいのが特徴。クリプトコリネでは、やや大型に成長する。

クリプトコリネ・ウェンディ・グリーン 【ロゼット】

DATA	
原産地	スリランカ
水温	22〜28℃
高さ	20〜30cm
水質	弱酸性から中性
光量	少ない
CO_2	普通

クリプトコリネの中では水に合いやすく丈夫。グリーンの品種だが水中葉で赤味がでることもある。

水草種類図鑑

クリプトコリネ・ペッチー ロゼット

DATA	
原産地	スリランカ
水温	20～28℃
高さ	20～30cm
水質	中性
光量	普通
CO_2	普通

葉が細めのクリプトコリネ。中性の水を好み、弱い光量でも育つが、CO_2や肥料を添加したい。

ジャイアント・バリスネリア ロゼット

DATA	
原産地	東南アジア
水温	22～28℃
高さ	20～50cm
水質	弱酸性から中性
光量	普通
CO_2	少ない

まっすぐ葉が伸びる大型の水草で、中大型水槽の後景向き。丈夫で成長が早いのでトリミングを。

タイガーバリスネリア ロゼット

DATA	
原産地	東南アジア
水温	20～28℃
高さ	20～50cm
水質	弱酸性から中性
光量	普通
CO_2	少ない

平たい葉がまっすぐ伸びるバリスネリアで、ジャイアント・バリスネリアより葉は細い。

バリスネリアスレンダーリーフ ロゼット

DATA	
原産地	東南アジア
水温	20～28℃
高さ	20～50cm
水質	弱酸性から中性
光量	普通
CO_2	少ない

バリスネリアの中でもっとも葉が細く、繊細なイメージの水草。伸びたら葉先をカット。

コブラグラス ロゼット

DATA	
原産地	南米、オーストラリア
水温	15～28℃
高さ	5～10cm
水質	弱酸性から弱アルカリ性
光量	多い
CO_2	多い

細い葉の先が下がり、首をもたげたコブラのように見える。前景におすすめ。水質の変化に弱い。

ヘアーグラス ロゼット

DATA	
原産地	東南アジア
水温	15～28℃
高さ	5～15cm
水質	弱酸性から中性
光量	少ない
CO_2	普通

芝生のように細い葉が茂るので前景向き。ランナーをのばして増える。数本まとめて植えるとよい。

ミクロソリウム シダ

DATA	
原産地	東南アジア
水温	18〜28℃
高さ	15〜20cm
水質	弱酸性から中性
光量	少ない
CO_2	少ない

沖縄にも自生する水生シダの仲間。ビギナー向きの丈夫な水草。コケがつくと成長が悪くなる。

ミクロソリウム・ウィンドローブ シダ

DATA	
原産地	改良品種
水温	20〜28℃
高さ	15〜25cm
水質	弱酸性から中性
光量	少ない
CO_2	少ない

ミクロソリウムの突然変異種を固定化した品種で、葉の形がちがう。作出者の名前がつけられている。

ウォーター・スプライト シダ

DATA	
原産地	東南アジア
水温	20〜28℃
高さ	20〜50cm
水質	弱酸性から中性
光量	普通
CO_2	少ない

水生シダの仲間。丈夫でCO_2を添加しなくても育つ。葉先を水に浮かべるだけで簡単に増やせる。

アメリカン・スプライト シダ

DATA	
原産地	北米、アジア
水温	22〜28℃
高さ	20〜50cm
水質	弱酸性から中性
光量	少ない
CO_2	普通

ウォーター・スプライトより葉が繊細なスプライト。水生シダは、グッピーなど小型熱帯魚に合う。

ウィローモス コケ

DATA	
原産地	世界各地
水温	22〜28℃
高さ	2〜10cm
水質	弱酸性から中性
光量	少ない
CO_2	少ない

流木や石に巻き、活着させて茂みを作る。エビや小型魚の水槽におすすめ。稚魚の隠れ場にもなる。

南米ウィローモス コケ

DATA	
原産地	南米
水温	22〜28℃
高さ	2〜10cm
水質	弱酸性から中性
光量	普通
CO_2	少ない

流木に活着させるまで時間がかかるが、活着すると水中でも水上でもよく茂る。三角の葉が特徴的。

水草の植え方
植える前の下準備のコツ

買ってきた水草は、そのまま水槽に入れてはダメ。下準備をするのが成功のポイントです。

水草の準備
水草の根や葉をカットしきちんと植えよう!

ショップで買った水草は、袋から出してそのまま植えるのではなく、下準備が必要です。この準備をすることで水草が育つ確率がグンとアップするので、しっかり行ないましょう。

ポットに植えられている水草は、はずしてウールマットを落とします。ウールをとったり、根を洗ったりという作業は、水道水ではなく洗面器などにためた25℃前後の水でやりましょう。

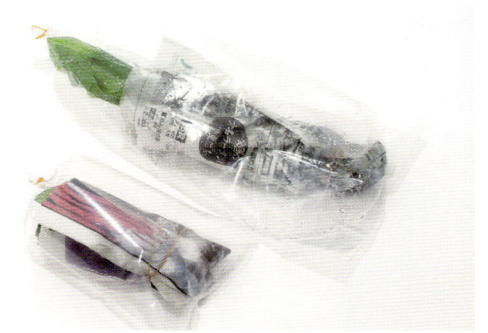

ショップで水草を買うとパッキングして渡してくれる。

有茎水草の準備
ウォーター・バコパ

1
ポットに植えられているタイプが多い。ポットから取り出して、水で洗いながらウールマットをはずしてとる。

2
茎の下のほうは切り、長さを適当に調整する。下のほうについている葉は、植えこむ部分までカットしておこう。

ロゼット水草の準備
アマゾンソード

1 ポットから出し、ウールマットをはずす。水で洗いながらやるとよい。

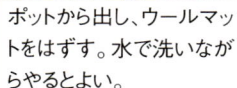

2 株ごとに分ける。根が長く出ているので、少し残して下を切る。

3 葉が枯れているときは、根元で切っておく。

流木に活着させる
ウィローモス

1 流木の上に、ウィローモスを2～3本ずつ広げる。薄くつけるのがコツ。

2 ウィローモスの上からテグスを使い1～2cm間隔で流木に巻いていく。

3 下から上へ、さらに上から下へ巻き、巻きはじめと終わりでテグスを結ぶ。

流木に活着させる
アヌビアス・ナナ

1 ポットから出し、水で洗ってウールマットをとる。

2 株を植えやすい大きさに、はさみで切り分ける。

3 根は少し残して、長すぎるところは切る。

4 流木のくぼみなど、植えやすいところを選ぶ。

5 流木にテグスで巻きつける。黒のもめん糸でもよい。

6 巻きはじめと終わりを結んで、流木に固定させる。

※水で洗う時の水温は、25℃くらいが目安。冬はとくに注意すること。

水草の世話

水草をじょうずに育てよう！

水草には水中葉と水上葉があります。育て方、増やし方を知り、元気に育てましょう。

水草を育てる
植えたあとの世話やトリミングが重要！

　水槽に水草を植えても、やがて枯れてしまうことがあります。原因はさまざま。水質や水温は合っていますか？　水質は悪化していないでしょうか。さらに、光量やCO_2を添加するかどうかも重要なポイント。魚の世話と同様に、水草の様子もこまめにチェックすることが大切です。

●定期的にトリミングを

　順調に成長している場合は、トリミングをして全体の形を整えましょう（P130〜133）。

　枯れてはいないが美しく育たない場合は、光量や栄養、CO_2の不足などが考えられます。ライトを変えるなど、環境をかえてみましょう。

　一般的に、葉の赤いタイプの水草は栽培がむずかしく、光量やCO_2が十分でないと色が出ないものが多く見られます。

CO_2（二酸化炭素）を添加するグッズ

CO_2の要求量が多い水草には、専用のグッズで添加する必要があります。水槽にセットし、ボンベを定期的に交換して環境を保ちましょう。

簡易式CO_2添加グッズ。ボンベと拡散筒をチューブでつないで使用。

水上葉と水中葉
枯れてもまた復活する！水中葉について知っておく

水草には、水上葉と水中葉があります。水上葉は水上で芽生えたもので、ショップで販売されているものは、じつはこの水上葉の状態になっていることも多いようです。

水草を家の水槽に植えると、しばらくして葉が枯れてしまうことがあります。しかし、多くの場合、これは水上葉から水中葉にかわるための現象で、水草は生きて根づいています。

枯れたからといって捨てずに、そのまま水中葉が出るのを待ちましょう。水上葉と水中葉は、少しずつ色や形がちがいます。

水上葉と水中葉

アフリカンチェーンソード

水上葉は葉に丸みがある形（写真左）。水上葉が溶けたように枯れてから、細長い形の水中葉が出てくる（写真下）。

アマゾンソードの水中葉（左）と水上葉（右）。

水上葉が溶けて枯れ、水中葉が生えてきたところ。クリプトコリネ・ベッチー。

砂利と水草

砂利は水草の成長に影響します。熱帯魚によく使われる大磯砂でも水草は育ちますが、美しく育てたいならソイルがおすすめ。ソイルは土を焼いて成型したもので、栄養分を含んでいます。ペーハーは6.5と弱酸性。ただし1年に1回はすべて交換する必要があります。

サンゴ砂は弱アルカリ性なので、水草を植える水槽には向きません。

ソイル系の土は水草水槽に向いている。

トリミングと増やし方

トリミングや植えかえで水槽を美しく！

のびた水草はトリミングして形を整えます。
株を増やしたり、植えかえるテクニックを紹介します。

トリミングについて
水草を形よくカットし美しい水景を保とう

　はじめにレイアウトを考えて水草を植えた水槽も、水草がのびるにつれて、形がくずれてきます。のびすぎた部分をトリミングして、いつも美しい状態を保ちましょう。

　水草の成長は種類によってちがうので、気になったときに部分的にトリミングするだけでOK。熱帯魚に注意してカットし、枯れた葉やゴミなどを取って完成させます。

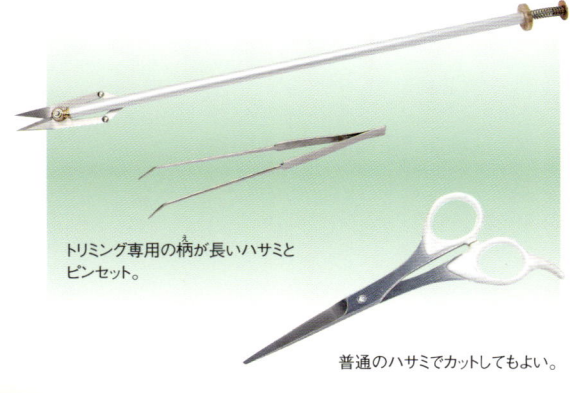

トリミング専用の柄が長いハサミとピンセット。

普通のハサミでカットしてもよい。

トリミングのポイント

ライト、ヒーター、ろ過フィルターの電源をオフにし、熱帯魚は入れたままでOK。トリミング用ハサミで水草をカット。

普通のハサミを使ってもOK。

水草水槽のトリミング

植えた直後
水槽をセットし、水草を植えたばかりの状態。水草はまだ育っていないため、水槽内にあきスペースが多い。

1か月後（CO₂添加あり）
右側のロターラ・ワリッキーが水面に届く長さに、右側前景のアフリカンチェーンソードもランナーを伸ばしている。

1
丈が水面まで伸びている水草は、水槽内にカゲを作ってしまうのでトリミングする。

2
ウィローモスは、のびすぎているようなら先だけをトリミングする。

トリミング後
トリミングしたらゴミをすくい、水のにごりが消えるのを待つ。のびすぎた部分は、すべてカットして取り除いた状態。セット後よりも、水草が育って茂っている。

トリミング2週間後

トリミングと増やし方

水草を増やそう
切った水草は捨てずにじょうずに増やそう！

トリミングで切り取った部分は、捨てずに増やすことができます。さらに育てて、新たな水槽に植えたり、増やしてみましょう。

水草の増やし方は種類によっていろいろです。

まず、切った先を水に浮かせて、根を出させるもの。次に、根が出ている部分を使って、新しく植えて増やすもの。また、ランナーをのばして株が増えるものは、ランナー部分を切るだけで新しい株として植えられます。

水草の種類別・増やし方

ロターラ・ワリッキー（リスノシッポ）

1 トリミングで切りとった先の部分を植える。

2 トリミングした部分から枝分かれするので、それを1本ずつ切って植えてもOK。

ウォーター・ウィステリア

1 長くのびた葉先を切る。

2 葉を水槽の水に浮かべておくだけで根が出てくるので、新たに植えてもよい。写真は1か月くらい浮かせていたもので、根が4.5cmも伸びている。

3 **2**の古い葉を切って残った下の部分は、根の先を切る。

4 **1**の下のほうの汚れた葉を取り除き、新たに植えなおす。

5 **1**を植えて1か月たったもの。切った上部から新芽が出ている。

PART 5 水草の植え方・育て方とトリミング術　トリミングと増やし方

ハイグロフィラ・ロザエネルビス

1 茎から根が出ているので、根があるところごとに分割して切り離す。

2 根の長さを切って、それぞれを植える。

3 2を植えてから2週間後の状態。

4 葉だけを切って水に浮かしても増やせる。水に浮かせはじめの頃（右）と、1か月後（左）。

バリスネリア

バリスネリアは長さがのびてくるので、水槽の高さに合わせて上を切る。

ランナーがのびているときは、根元で株を切り離して、新たな株を植えなおす。

ミクロソリウム・ウィンドローブ

葉の先端から新たに葉が出てくるので、そこを切って株分けをする。

133

名アクアリストへの道!

使う? 使わない? 水草を育てるCO_2

水草の成長を助けるCO_2は、専用の器具で添加します。水草の種類により、必要度は異なります。

CHECK 水草の成長を助けるCO_2

水草が育つには光、栄養、二酸化炭素＝CO_2が必要となります。育てるのがむずかしいとされる水草の多くは、光量またはCO_2の不足が原因で枯れてしまうのです。そこで、水槽の水中内にCO_2を添加する専用の装置をつけることとなります。本書で紹介する水草の多くは、CO_2を添加しなくても育つものです。添加したほうがいいとされる水草でも、CO_2なしでも枯れることなく、成長が遅いだけというものもあります。また、底砂にソイル（P26）を使うと水草の成長が早くなります。

POINT! 使う場合は、ずっと続けること!

水草をメインにした水槽には、CO_2添加をすることが多いでしょう。一度、CO_2を使うと、水草もその環境になれるので、途中でやめずにずっと使い続ける必要があります。

ショップの水槽で、CO_2を使っている場合も同じことがいえます。ショップでCO_2を添加していた水草を、家で添加なしの水槽に入れたのでは枯れてしまいます。

水草を選ぶときに、その種類に添加が必要なのかどうか、店では添加しているのかを確認しましょう。

ロターラ・ワリッキー（リスノシッポ）の成長比較

水槽に植えてから1か月、CO_2は添加していない熱帯魚水槽で自然に育てたもの。砂利は大磯砂を使用。

水槽に植えてから1か月、CO_2を添加して育てたもの。成長が早く、トリミングが必要な状態になっている。底砂はソイルを使用。

水槽でCO_2を添加しているかどうかは、水草をよく見るとわかる。水草に細かい気泡（きほう）がついていれば添加している。

PART 6

ビギナー向き！美しい水槽レイアウト

水槽のレイアウト

熱帯魚と水草が調和するレイアウト水槽

水草やアクセサリーをきれいに配置したレイアウト水槽に挑戦。
魚をどう泳がせたいのか、
イメージ作りからはじめましょう。

デザインを考える
魚が快適でかつ美しいレイアウト水槽とは？

　レイアウト水槽は、魚が快適に暮らせる環境であることが大切です。たとえば、混泳水槽なら水草で隠れ場所を多く作れば、なわばりが分散されてケンカしにくくなります。流木などで、魚の通り道になるスペースを作るのもよいでしょう。

　熱帯魚や水草が正面からきれいに見えることも重要です。手前を低くするなど、ポイントさえおさえれば、あとは自由に作ってOK。ショップのレイアウト水槽を参考にするのもおすすめです。

　はじめに大きなものの配置を決め、全体のイメージを考えます。正面から見たイメージなどを絵に書くのもよいアイデア。実際に配置する前に、上から見た配置図を考えるとスムーズにできます。

アクセサリーを使う

　砂利と水草だけでもレイアウトはできますが、流木や石などを使うのもおすすめ。より簡単に、雰囲気のあるレイアウト水槽が作れます。

　水草を活着させるのにも、流木などが欠かせません。

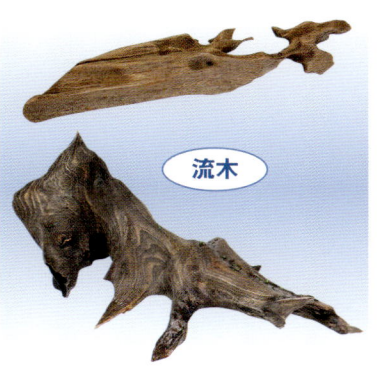

流木

石

溶岩

ココがポイント！ レイアウトの決め方

魚が泳ぐスペースを決める

どこに魚を泳がせたいのか、スペースを大きくとる場所を考えて水草や流木を配置。中央に泳がせたいなら中央を開けますが、小さな魚やエビならアクセサリーを中心に両脇をあけてもOK。

水槽を正面から見て、中央にスペースをとる。

中央にメインの流木などを入れ、両脇にスペース。

手前を低くする

砂利をならすときも、複数の水草を植えるときも、手前は低く奥に行くほど高くするのが基本です。手前には丈の低い水草を植え、奥には背景となるように高い水草を植えると、安定感がある配置になります。

手前は低く、奥は高くなるように配置する。

変化をつける

水槽が30cm幅以上であれば、広さをいかして中に変化をつけるのもおすすめ。石や流木を使って砂利をせきとめれば、段差を作ることもできます。

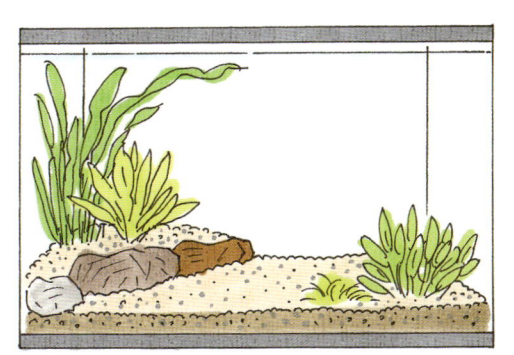

左側に石を並べて、一段高い場所を作っている。

ライト&フィルターの位置は？

見た目だけでなく、ライトやフィルターの水が落ちてくる位置との関係も大切です。光量が多く必要な水草は、ライトが当たる位置に植えるようにしましょう。水が落ちてくる場所には、水草を植えないようにします。

上部フィルターは後景にライトがあたりにくい。

PART 6 ビギナー向き！ 美しい水槽レイアウト 水槽のレイアウト

137

水槽のレイアウト

手軽にはじめる小型水槽

超小型のキューブ水槽から幅20cmほどの小型水槽まで。置き場所を選ばないので、気軽にセッティングできます。

小型のカラフル熱帯魚 プラティ&ネオンテトラ

熱帯魚初心者におすすめのプラティ、ネオンテトラ。大型水槽に大群を入れるのもきれいですが、はじめはこんな小さなアクアリウムからスタート!

■水槽DATA

水槽	幅18×奥行き12×高さ15cm
ろ過フィルター	外がけフィルター
照明	5W×1灯
ヒーター	オートヒーター50W
砂利など	大磯砂、溶岩
熱帯魚など	プラティ5匹、ネオンテトラ10匹

■配置図

①溶岩
②アヌビアス・ナナ
③岩

POINT

ろ過フィルターは使いやすい外がけフィルターを使用。吸い込み口にスポンジをつけて、小さな魚でも水流に引き寄せられないようにしています。プラティの稚魚(ちぎょ)が生まれても、スポンジがあれば安心。

小型フグを楽しむ　アベニーパファ水槽

ほかの熱帯魚と混泳させにくい小型のフグ、アヴェニーパファだけの水槽。うまくいけば、自然にペアができて繁殖することもあります。

■配置図

① 溶岩
② アヌビアス・ナナ
③ アマゾンソード
④ ウィローモス

■水槽DATA

水　槽	幅17×奥行き17×高さ17cm
ろ過フィルター	外がけフィルター
照　明	5W×1灯
ヒーター	オートヒーター50W
砂利など	大磯砂、溶岩
熱帯魚など	アベニーパファ10匹

POINT

アベニーパファの水槽は、なわばり争いのケンカを防ぐために隠れる場所を数多く作るのがポイント。溶岩や水草で区切ってケンカを防止。やわらかい水草はかじってしまうので、アヌビアス・ナナなどかたい葉のものを入れましょう。

PART6　ビギナー向き！美しい水槽レイアウト　手軽にはじめる小型水槽

水槽のレイアウト
手軽にはじめる小型水槽

人気の小型エビ レッドビーシュリンプ

鮮やかな赤×白の体が美しい、ミニサイズのレッドビーシュリンプ。ほかの種類は入れずに、シンプルな水槽にするのがおすすめです。

レッドビーシュリンプだけを楽しむ小型水槽。エビの活動場所を考えて、ウィローモスや流木などを配置する。

■配置図(左)

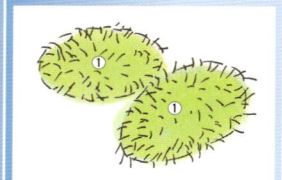

①石つきウィローモス

■配置図(右)

①石つきウィローモス

■水槽DATA

水槽	幅22×奥行き22×高さ28cm
ろ過フィルター	外がけフィルター
照明	5W×1灯
ヒーター	オートヒーター50W
砂利など	ソイル
熱帯魚など	レッドビーシュリンプ20匹

POINT
レッドビーシュリンプの水槽には、ウィローモスなどのコケをかならず入れましょう。コケを食べたり、休む場所になります。コケと赤×白のレッドビーシュリンプの組合せで、見た目も美しい水槽に。

PART 6 ビギナー向き！美しい水槽レイアウト　手軽にはじめる小型水槽

エビは水槽の底の部分や水草の上などに集まる。ウィローモスを入れると、コケを食べる姿や休む姿を楽しめる。

P O I N T
エビは水底やウィローモスに集まるので、石つきウィローモスを入れて、水槽スペースをムダなく使うように工夫しています。

■水槽DATA

水　　　槽	幅18×奥行き12×高さ15cm
ろ過フィルター	外がけフィルター
照　　　明	5W×1灯
ヒーター	オートヒーター50W
砂利など	ソイル
熱帯魚など	レッドビーシュリンプ20匹

141

水槽のレイアウト

30〜45cmの中型水槽を楽しむ

小型魚を群れで泳がせたり、何種類も混泳させたりと、さまざまなレイアウトが考えられます。混泳させる種類は、相性も考えて選びましょう。

卵胎生メダカとカラシンの混泳

色とりどりのカラフルな熱帯魚を集めたいなら、グッピーやプラティなどの卵胎生メダカと小型カラシンがおすすめ。混泳させやすい種類です。

■配置図

①ミクロソリウム
②流木つきミクロソリウム・ウィンドローブ
③アンブリア
④石

■水槽DATA

水槽	幅30×奥行き20×高さ23cm
ろ過フィルター	外がけフィルター
照明	13W×1灯
ヒーター	オートヒーター100W
砂利など	大磯砂
熱帯魚など	グッピー6匹、プラティ4匹、アルビノブラックネオン10匹、グリーンネオン5匹、アルビノ・コリドラス2匹、アルビノ・コリドラス・ステルバイ1匹、石巻貝2個

POINT

小型熱帯魚の代表である卵胎生メダカとカラシンを楽しむ水槽です。ほかにマスコット役のコリドラスと、コケを食べる石巻貝を投入。コリドラスは水底のほうにいるので、水槽全体がにぎわいます。

PART 6 ビギナー向き！美しい水槽レイアウト 30〜45cmの中型水槽を楽しむ

コリドラスの吹き上げ水槽

個性的でユーモラスな姿で人気のコリドラス。ほかの種類を入れずに、コリドラス専用の水槽にして飼うのも楽しいものです。

水槽の底に外部フィルターの排出口をセット。

■配置図

① 流木つきアヌビアス・ナナ
② タイガーバリスネリア
③ 吹き上げ

■水槽DATA

水槽	幅40×奥行き25×高さ38cm
ろ過フィルター	外部フィルター
照明	13W×1灯
ヒーター	オートヒーター100W
砂利など	ケイ砂
熱帯魚など	コリドラス・ステルバイ、アルビノ・コリドラス、コリドラス・アエネウス、コリドラス・ジュリー計12匹

POINT

外部フィルターを使い、チューブを砂利にうめて、水槽の底から吹き上げるように水を戻しています。粒が細かいケイ砂を使うと、コリドラスが吹き上げで遊んだり、砂にもぐったり様子を観察できます。

水槽のレイアウト
30〜45cmの中型水槽を楽しむ

エンゼル・フィッシュとソードテールの混泳

40cm水槽なら、やや体が大きめのエンゼル・フィッシュなども入れられます。存在感ある大きさなので、美しい水槽が作れます。

■配置図

① ジャイアントバリスネリア
② 流木つきウィローモス
③ ピグミーチェーン・サジタリア
④ アマゾンソード
⑤ 岩

■水槽DATA

水　槽	幅40×奥行き25×高さ30cm
ろ過フィルター	外がけフィルター
照　明	13W×1灯
ヒーター	オートヒーター100W
砂利など	大磯砂
熱帯魚など	ダイヤモンド・エンゼル3匹、レッドトップマーブル・エンゼル1匹、紅白ソード3匹

POINT

色の組み合わせがはなやかな混泳水槽。エンゼル・フィッシュは長いヒレが特徴なので、ヒレをかじる習性（しゅうせい）のある種類との混泳は要注意。エンゼルは成長すると小型魚をいじめるが、ソードテールなら比較的体が大きいのでOK。

グラミーとカラシンを楽しむ混泳水槽

水草の合間から、さまざまな熱帯魚が顔を出す楽しい混泳水槽。たて長の水槽には、流木などたてにおけるアクセサリーがおすすめ。

■配置図

①バリスネリア・スレンダーリーフ
②アマゾンソード
③流木つきアヌビアス・ナナ
④流木つき南米ウィローモス
⑤流木つきウィローモス

■水槽DATA

水槽	幅30×奥行き30×高さ40cm
ろ過フィルター	外がけフィルター
照明	13W×1灯
ヒーター	オートヒーター100W
砂利など	大磯砂
熱帯魚など	コバルトブルー・グラミー2匹、チョコレート・グラミー10匹、石巻貝5個、プリステラ15匹、コリドラス・アエネウス2匹、ヤマトヌマエビ3匹

POINT

グラミーはペアで入れるか、10匹以上で入れるとケンカをしにくくなります。水槽のそうじ役として、コリドラスとヤマトヌマエビも入れています。

ビギナー向き！ 美しい水槽レイアウト 30〜45cmの中型水槽を楽しむ

水槽のレイアウト

本格派水槽にチャレンジ！

60cm水槽なら、さまざまな水草を入れた本格的なアクアリウムもOK。
水草のレイアウトと、泳がせる熱帯魚の組み合わせで、自分だけのオリジナル水槽を作りましょう。

水草を楽しむ水槽

CO_2を添加し、水草をしっかり育てるレイアウト。CO_2を使うなら、いろいろな種類の水草に挑戦してみましょう。

■水槽DATA

水槽	幅60×奥行き30×高さ40cm
ろ過フィルター	外部フィルター
照明	24W×1灯
ヒーター	オートヒーター200W
砂利など	ソイル
その他	CO_2添加
熱帯魚など	チョコレート・バルーンモーリー2匹、インパイクティスケリー10匹、ルビーアイ紅白ソードテール20匹、ラスボラ・ヘンゲリー10匹、ハセマニア10匹

■配置図

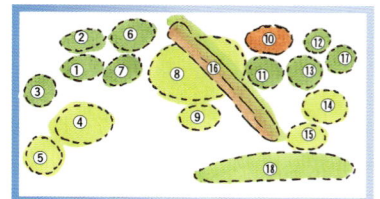

①流木つきミクロソリウム・ウィンドローブ
②バリスネリアスレンダーリーフ
③キューピーアマゾン
④流木つきウィローモス
⑤クリプトコリネ・ウェンディ・グリーン
⑥ハイグロフィラ・ロザエネルビス
⑦クリプトコリネ・ベケッティー
⑧流木つきウィローモス、アヌビアス・ナナ
⑨石つきウィローモス
⑩ロターラ・ワリッキー
⑪クリプトコリネ・ペッチー
⑫アマゾンソード
⑬ミクロソリウム・ウィンドローブ
⑭クリプトコリネ・ペッチー
⑮石つきウィローモス
⑯流木つき南米ウィローモス
⑰アヌビアス・ナナ
⑱アフリカンチェーン・ソード

ネオンテトラを楽しむ水槽

ネオンテトラだけをぜいたくに泳がせた水槽です。左右に置いた大きな石がアクセントになっています。CO_2なしでもOKのレイアウト。

■水槽DATA

水　槽	幅60×奥行き30×高さ36cm
ろ過フィルター	底面式フィルター直結、外部フィルター
照　明	20W×2灯
ヒーター	ICサーモスタット300、ヒーター200W
砂利など	大磯砂
熱帯魚など	ネオンテトラ200匹

■配置図

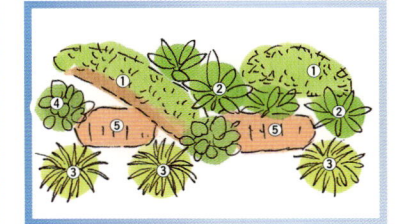

①流木つきウィローモス
②アマゾンソード
③ピグミーチェーンアマゾン
④アヌビアス・ナナ
⑤岩

POINT

ネオンテトラの群れを楽しむためのレイアウトです。石や流木などのアクセサリーを効果的に配置し、中央に泳ぐスペースを作ります。水草は丈夫な種類のみを選んでいるのでCO_2を添加しなくてもOKです。

PART 6 ビギナー向き！美しい水槽レイアウト　本格派水槽にチャレンジ！

水槽のレイアウト
本格派水槽にチャレンジ！

グリーンが美しいアクアテラリウム

アクアテラリウムは、水槽の中に水の部分と陸の部分があるレイアウト。水草が枯れないように、水の流れに気をつけるのがポイント！

■配置図

① 流木にウィローモス
② アヌビアス・ナナ
③ タイガーバリスネリア
④ ジャイアント・バリスネリア
⑤ ウォーター・ウィステリア
⑥ ミクロソリウム
⑦ キューピーアマゾン

■水槽DATA

水　　　槽	幅45×奥行き30×高さ30cm
ろ過フィルター	底面フィルター、水陸両用ポンプ
照　　　明	15W×2灯
ヒ ー タ ー	オートヒーター100W
砂 利 な ど	大磯砂
熱帯魚など	シルバーグラミー3匹

POINT

水量が少ないので、魚はたくさん入れないこと。底面フィルターで吸い上げた水が、つねに水草にかかるように、水の出口をひとつずつチューブで固定しています（P35のセッティング参照）。

PART 7
病気のケアと飼育Q&A

熱帯魚の病気
健康管理と病気の対処法

水槽の環境は飼育者しだいで、よくも悪くもなります。普段から病気予防に気をつけて、病気が出たら早めに対処しよう。

病気予防
ふだんの世話が大切 早めに対処しよう

　魚の病気予防には、水槽の環境を適正に保つことが重要です。水温の急な変化や水質が悪化しないよう、ふだんの世話をきちんとしましょう。

　水質が悪化する原因としては、水槽内の魚の数が多すぎる、エサをあげすぎている、フィルター交換や水換えのタイミングが遅いことなどが考えられます。病気に早めに気づくよう、魚に症状が出ていないかチェックすることも大切です。

エサやり、水換えなど通常の正しい世話が病気を予防する。

こんなときは要注意！

泳ぎ方がおかしい。
体色が薄い、ツヤがない。
目が白くにごったり、飛び出ている。
エラを異常に動かしたり、開かない。
ヒレが切れたり、溶けている。
ヒレをたたんでいる。
白い斑点やカビのようなものがついている。
ウロコが逆立って、めくれている。

いつもとちがう点がないか観察しよう。

薬浴の方法
病魚はトリートメント水槽で薬浴をしよう！

魚に病気の症状が見られたら、感染症が考えられるので、ほかの魚とは別にすること。

発症した魚は、小型水槽を使ってトリートメント水槽を用意。薬を入れて、薬浴をさせます。

●トリートメント水槽で薬浴

水槽にヒーター、スポンジフィルターをセットして、水と薬を入れます。

●普段の水槽のまま薬浴

水槽にそのまま薬を入れる場合は、水草に使っても大丈夫なものを選ぶこと。

ろ過フィルターに活性炭が入っていると薬を吸収してしまうので、活性炭は抜くようにします。外がけフィルターの場合は、ろ材パックを抜いて、吸い込み口にスポンジをつけて使うとよいでしょう。

トリートメント水槽は、ヒーターとフィルターのみでOK。写真ではグリーンFゴールドを使用。

病後の対処法

症状が軽ければ薬浴だけで治すことができます。病気の魚をすくったネットは消毒しておくこと。

同じ水槽から魚が何匹も病気になったり、死んだりした場合は、大そうじして水槽をセットしなおしたほうがよいでしょう。

いつも魚たちの様子を観察しておくこと。

薬浴に使う薬

薬は表示されている規定量に従って入れること。ナマズ類は薬に弱く使えないものもあるため、専門ショップで相談するとよい。

グリーンFゴールド
顆粒（かりゅう）タイプ。水草の入った水槽には使えない。

グリーンFゴールドリキッド
水草にもOK。おもに尾ぐされ病、水カビ病に効く。

サンエース
とくに白点病、尾ぐされ病に効く。

※薬品類は子供が手を触れない場所に保管しましょう。

熱帯魚の病気

熱帯魚のおもな病気
こんな症状が出たときは早めに対処しましょう。

白点病

　白点虫の寄生が原因で、体表面やヒレに白い斑点が出ます。はじめはヒレから症状が出ることが多いようです。急激な水温の変化や、水温が低すぎる、水質の悪化なども原因となります。
　軽症なら水換えをしたり、ニューグリーンF、グリーンFなどを使った薬浴で治ります。

各ヒレや体表に白い斑点が出る。

尾ぐされ病

　尾ぐされ、ヒレぐされというように、尾ビレの先が白っぽくなったり充血したりして、悪化すると尾ビレが溶ける病気。エラに出るとはれて赤黒くなったり、口先が白っぽくなったりもします。発病したらほかの魚とは別にして、薬浴をさせましょう。水質、水温管理をきちんとすれば防げます。

尾ビレが白っぽく、溶けたようになる。

水カビ病

　体表に白い綿がついたようになり、綿カビ病などともいわれます。傷に細菌が付着したり、水質に問題があると発病します。
　魚は薬浴させて治療し、水槽はろ過フィルターや底砂のそうじをしましょう。

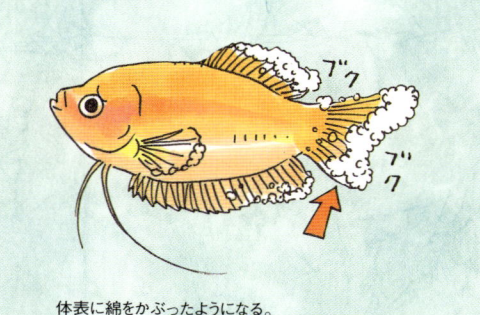

体表に綿をかぶったようになる。

松かさ病（エロモナス症）

　エロモナスによる細菌感染症で、ウロコが逆立って、松かさのようになるのが特徴。ウロコの下に分泌液がたまり、体表が充血してしまいます。
　水質の悪化が原因となるので、定期的に水換えをきちんとすること。病気の魚は別に移して、薬浴をさせます。

ウロコが逆立って、体が丸く見える。

グッピー病

　グッピーの稚魚に多く、尾ビレの先がとがるのでハリ病とも呼ばれます。尾ぐされ病や口ぐされ病とも似た症状。水温を22℃程度の低めにすると進行が止まるので、一度、水温を下げてから薬浴をさせます。新しいグッピーを入れるときは、別の水槽で様子を見てからにしましょう。

グッピーの尾ビレが傷み、とがってしまう。

ネオン病

　ネオンテトラに多く見られる原因不明の病気で、体色が白くあせたようになります。病気の魚から感染し、死ぬ確率も高いので、病気を持ち込まないのが唯一の予防策。

　状態のよい魚がいるショップを選んで、熱帯魚を購入するようにしましょう。

体色が白っぽくあせてしまう。

外傷

　魚同士のケンカや石にこすりつけて、体表が傷つくことがあります。軽い傷は問題ありませんが、細菌が感染しやすくなるので要注意。治療するなら、薬と少量の塩を入れた水槽で薬浴をさせます。

　水換えやそうじ、ネットですくうときに、魚を傷つけないように注意しましょう。

魚を網ですくうときは、傷つけないように注意。

寄生虫

　魚の体が充血したり、はれたりしている、体表やヒレに赤い斑点が出る、ウロコがはがれるなどの症状は、寄生虫が原因です。円盤型で直径2〜5mmほどのウオジラミ、体長5〜10mmの糸状のイカリムシなど、肉眼で確認できます。薬浴をしてとるか、イカリムシはピンセットで取り除きます。

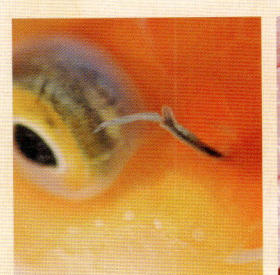

イカリムシ 　　ウオジラミ

飼い方Q&A

こんなときはどうする？
熱帯魚飼育Q&A

実際に熱帯魚を飼ってみると、
いろいろな疑問やトラブルがでてくるものです。
ここでは、そんな熱帯魚飼育の疑問に答えます。

Q 気づいたら水槽に稚魚が泳いでいました。どうやって育てたらいいですか？

A 卵胎生メダカの仲間は簡単に繁殖しますが、放っておくと、親やほかの魚に食べられてしまいます。稚魚をみつけたら、ほかの水槽に移したほうが安心。エサは稚魚用の配合飼料や、ブラインシュリンプを与えます。

水草を多く入れた水槽なら、稚魚が食べられることなく、そのまま育つこともあります。フィルターの吸い込み口にスポンジをつけ、稚魚が吸い込まれないようにしておくとよいでしょう。

稚魚を見つけたら早めに移動させよう。

Q 魚がすぐに死んでしまいました。病気だったのでしょうか？

A 買ったばかりの魚が死ぬ理由としては、魚が入荷直後で弱っていたか、もともと状態が悪かったことが考えられます。魚自体に問題がなければ、水槽のセッティング方法や魚の入れ方、水槽の環境が悪いケースも考えられます。

水槽をセッティングしてから、水ができるのを待たずに魚を入れたり、水合わせをせずに入れたりはしていませんか？　急激に水が変わると、魚はショック死します。

しかし、きちんと水を作り、水温やペーハーを合わせ、ていねいに水合わせをしても、魚が死んでしまうことはあります。プロのショップでさえも死ぬ魚はいるのですから、ある程度はしかたないともいえるでしょう。

水槽に入れるときは水合わせをすること（P46）。

Q. 小さな貝がたくさんいますが、駆除（くじょ）したほうがいい？

A. 小さなスネール貝は、水草などについてきたものが、繁殖して増えているのです。こうした貝やミズミミズ（P59）が増殖するのは、水換えがたりない証拠。定期的に水換えをしましょう。

魚に対して害はありませんが、どんどん増えて見た目にもよくないので取り除きましょう。手で1匹ずつ取るか、大そうじで取ります。

クラウンローチーやフグなどはスネール貝を食べるので、エサとしてあげてもOK。貝をつぶせば、稚魚のエサにもなります。

Q. 水槽がすぐ、コケだらけになってしまうのですが……。

A. 水換えをあまりせず、水が古くなるとコケが発生しやすくなります。魚の数が多かったり、エサのあげすぎで水質が悪化しているのも原因になります。

水換えを定期的にして、ときどき砂利のそうじもすること。水槽に日光が当たらないようにし、ライトの照射時間を短くするのも有効です。

コケを食べてくれるヤマトヌマエビや貝、オトシンクルスなどを入れるのもよいでしょう。

貝はガラス面についてコケを食べてくれる。

エンゼルは、産卵筒がないときは水草に産卵することもある。親が卵や稚魚の世話をする。

Q. 水槽に卵を発見！どうしたらいいですか？

A. 卵が食べられたり、ふ化した稚魚が食べられてしまうので、卵を移動させること。水槽の中に産卵箱をつければ、そこに入れるだけで同じ環境に保つことができます。

また、エンゼル・フィッシュの仲間は、産卵した後も親が育てるので、そのままにしておいてOK。水槽が落ち着かなかったり、まだ若い親は卵を食べてしまうこともありますが、しだいに子育てするようになるでしょう。

Q. 熱帯魚が死んだときは？

A. 死んだ熱帯魚に気づいたら、すぐに取り出すこと。病気も考えられるので、すくったネットは消毒しておきます。何匹も死んでいた場合は、水槽をリセットするために大そうじをしましょう。

小さな熱帯魚の場合、ほかの魚につつかれたり自然に分解されたりして、死骸が残らないこともあります。

アクアリウム用語ガイド

あ

用語	説明	参照
アカムシ	熱帯魚の生き餌としてよく使われるユスリカの幼虫。パックで冷凍されたものが便利。	→P51
アクセサリー	水草を植えつけたり、美しく見せるために水槽に入れるもの。流木や石、溶岩、市販の飾りなど。	→P27
亜硝酸塩	魚のフンなどから出るアンモニアがバクテリアに分解され、発生する物質。亜硝酸塩濃度が高いほど水質は悪い。	→P56
アピストグラマ	スズキ目シクリッド（カワスズメ）科の熱帯魚。中南米に分布する。	→P113
アマゾン河	南アメリカのアマゾン河流域。熱帯魚の代表的な原産地。	
泡巣	ベタやグラミーのオスが、繁殖のために作る泡のかたまり。	
アルカリ性	水素イオン濃度が中性（ペーハー値7）よりも高い状態。	
アルビノ種	突然変異で体表の色素が抜けた個体で目が赤い。または、品種としてそれを定着させた魚のこと。	
アンモニア	魚のフンなどから発生し、水槽内にたまると有害。	→P56
生き餌	イトミミズ、アカムシ、ブラインシュリンプなど、生きたまま与えるエサのこと。大型魚の場合は、小さな金魚などが生き餌になる。	→P51
イトミミズ（イトメ）	糸のように細く小さな水生ミミズ。生き餌として売られていて、多くの熱帯魚が好んで食べる。	→P51・52
インフゾリア	極小サイズの稚魚に、エサとして与える微生物。	→P75
ウールマット	上部式ろ過フィルターにろ材として使うマット。化学繊維で作られ、水中のゴミなどを濾す物理ろ過、バクテリアを繁殖させる生物ろ過の働きがある。	→P22
エアレーション	水中の含有酸素量を増やすために、エアポンプなどで空気を送ること。	→P21
大磯砂	もともとは大磯海岸で採取された砂利のこと。現在は、海岸で採取された砂利全般を大磯砂と呼ぶ。底砂としてもっとも使われているもの。	→P26
尾ぐされ病	細菌感染により、尾ビレなどが腐ったように溶ける病気。	→P152
尾ビレ	魚の尾にあるヒレ。さまざまな形があり、同じ品種の中でも、尾ビレの形が違う改良品種もいる。	→P48

か

用語	説明	参照
外部フィルター	水槽外に設置するタイプのろ過フィルター。大型水槽やCO_2を添加する水槽に使うとよい。	→P22
拡散器	CO_2を水槽の水に添加するときに使うグッズ。	
学名	世界共通で使われる魚の固有名詞。ギリシャ語やラテン語の筆記体でつづられる。本書では、日本で流通している固有名詞を使用している。	
活着	水草を流木や石に固定して、根付かせること。	→P127
カラシン	カラシン目または、カラシン科の魚。ネオンテトラをはじめ多くの種を含む仲間で、南米、中央アフリカなどに分布。	→P66
汽水・汽水域	完全な淡水ではなく、河口など海水と淡水が混ざった水質。汽水域に生息する汽水魚は、塩分を含む飼育水が必要。	
寄生虫	ウオジラミ、イカリムシなど、魚の体表やヒレに寄生する。	→P153
キューブ水槽	小型水槽の中で立方体のものの通称。17cm、20cmなどがある。	→P19
グッピー病	グッピーの稚魚に多くでる。尾ビレの先がとがったり、尾ぐされ病のような症状がでる。	→P153
後景	水槽の後ろ側のスペース。	
コリドラス	ナマズの一種。南アメリカに分布。	→P92
混泳	異なる複数の品種の魚を、ひとつの水槽で一緒に飼うこと。	→P42

さ

用語	説明	参照
サンゴ砂	サンゴの骨格を細かく砂状にしたもの。底砂として使うと、水が硬水・アルカリ性に傾く。	→P26
酸性	水素イオン濃度が中性（ペーハー値7）よりも低い状態。	
産卵筒	卵を産み付けさせるために水槽に入れる陶器の筒。エンゼル・フィッシュやディスカスの繁殖に使う。	→P103

	用語	説明
	産卵箱（さんらんばこ）	主に卵胎生メダカの稚魚をとるとき、水槽内に設置。ケースの底が2層で、稚魚が下のスペースに落ち、親に食べられないようになっている。 →P86
	CO_2（シーオーツー）	水草が光合成のために必要とする二酸化炭素。水草によっては、専用器具で水中に添加する必要がある。 →P128
	シクリッド	スズキ目シクリッド科に分類される魚。中南米、アフリカ、中東などに分布。エンゼル・フィッシュ、ディスカスなどが代表種。 →P101・112・113・114
	硝酸塩（しょうさんえん）	アンモニアが亜硝酸塩に分解され、亜硝酸塩はバクテリアによって酸素とともに消費され、魚にとって害の少ない硝酸塩となる。 →P56
	上部フィルター（じょうぶ）	水槽の幅に合わせ、上に設置できるタイプのろ過フィルター。 →P22
	ショック	水温、水質などの環境が急に変わると、魚が変化に耐えられずショック状態を起こし死ぬこともある。移すときは水合わせ（P46）が必要。
	人工飼料（じんこうしりょう）	さまざまなものを配合して作られた人工的なエサ。 →P51
	水質（すいしつ）	水に溶け込む成分によって変化する水の質。 →P36
	水質調整剤（すいしつちょうせいざい）	水道水のカルキを抜く、魚の粘膜・エラを保護する、水のペーハー値を安定させるなど、水質を整える薬剤。 →P27
	水上葉・水中葉（すいじょうば・すいちゅうば）	水草には水上で出た水上葉と、水中で出た水中葉があり、形もやや異なる。水上葉を水中に植えると、一度枯れてから水中葉に変わる。 →P129
	スポンジフィルター	水槽内の吸い込み口につけたスポンジが、ろ材の役目を果たすフィルター。小さな稚魚のいる水槽や小型水槽に向く。 →P22
	生物的ろ過（せいぶつてきろか）	バクテリア（微生物）が、排泄物など魚に有害な有機物を分解し、無害な硝酸塩に変えること。 →P21
	前景（ぜんけい）	水槽の前面に近いスペース。
	ソイル	土を焼成して粒にした底砂。養分を含み水草がよく育つが、しだいにくずれてくるので、半年から1年で取り替える必要がある。 →P26
	底砂（そこすな）	水槽の底に入れる砂利や砂。バクテリアが発生してろ材の役割も果たし、水質にも影響を与える。
	外がけフィルター（そとがけ）	水槽の縁に外側からかけるタイプのフィルター。ワンタッチフィルターとも呼ばれる。 →P22

	用語	説明
た	立ち上げる	水槽にろ過フィルターなど必要なものをつけ、水を入れて、魚を入れられる状態までセッティングすること。
	淡水（たんすい）	川や湖、池、沼など、塩分を含まない水。熱帯魚は淡水に生息する淡水魚。
	稚魚（ちぎょ）	ふ化してからまだ間もない魚。
	底面フィルター（ていめん）	水槽の底にセットし、上にのせた砂利をろ材として使うタイプのろ過フィルター。 →P22
	テトラ	ネオンテトラなど、小型カラシンの総称。 →P66
	テラリウム	水中、水上を使って、植物をレイアウトし育てる観賞用の水槽。 →P148
	トリートメント	魚の状態をよくするために、薬を入れた水槽に泳がせること。 →P40・46
	トリミング	水草ののびた部分を切るなど、形を整えること。 →P130
な	投げ込みフィルター（なげこみ）	ろ材が入った部分を水中に入れて、外のエアポンプとつないで使うタイプのフィルター。 →P22
	ネオン病（ねおんびょう）	ネオンテトラに見られる原因不明の病気。体色が白くあせて死ぬ確率も高い。 →P153
は	バクテリア	水槽内に自然発生する生物の細菌、微生物で、ろ材や砂利などに付着している。さまざまな化学反応を起こし、水質の安定に役立つ。 →P37・56
	白点病（はくてんびょう）	白点虫の寄生が原因で、体表面やヒレに白い斑点が出る病気。 →P152
	鼻あげ（はなあげ）	水中の酸素量が少なくて苦しいために、水面で口をパクパクすること。魚が鼻あげしていたら、エアレーションや水換えをする必要がある。
	ファン	風を送るための器具。真夏は水温が上がりすぎるのを防ぐために、水面にファンで風をあてるとよい。 →P24・64
	ふ化（ふか）	卵から稚魚がかえること。
	物理的ろ過（ぶつりてきろか）	フンやエサの食べ残し、水草の枯れ葉など、物理的なゴミをろ過して取り除くこと。 →P21
	ブラインシュリンプ	アルテミアという極小エビの一種。市販の乾燥卵をふ化させて稚魚のエサにする。 →P76
	ブラックウォーター	アマゾンに多いタンニンが溶け込んだ水質。繁殖をさせるために、ピートモスなどを使って作ることもある。
	ペーハー（PH）	水中の水素イオン濃度で、酸性、アルカリ性を示す単位。ペーハー値7が中性。

アクアリウム用語ガイド

ま	松かさ病	エロモナスによる細菌感染症で、ウロコが逆立つ病気。ウロコの下に分泌液がたまり、体表が充血する。	→P152
	水合わせ	熱帯魚を水槽に入れるときに、水槽の水に少しずつならすためにする作業。	→P46
	水カビ病	体表に白い綿がついたようになり、綿カビ病などとも呼ばれる。	→P152
	水づくり	熱帯魚の種類に合わせ、それに適した水温、水質の水に整えること。新しい水槽の場合は、1週間はフィルターを回してバクテリアを発生させて水を作る必要がある。	
や	薬浴	水槽に薬や塩などを入れ、熱帯魚を泳がせて回復させること。	→P151
	有茎水草	水草の中でも、中心に茎をのばして葉をつけていく形の種類。	→P119
ら	卵生	魚は卵を生んで繁殖するが、その中でも卵を水中や水草、物などに生み付けるタイプの魚。	
	卵胎生	メスが卵を体内でふ化させてから、稚魚を生むタイプの魚。グッピー、プラティ、モーリーなど。	
	ラビリンス	ベタやグラミーなど、アナバスの仲間が持つ特殊な補助呼吸器官。ラビリンスがあることでエラ呼吸だけでなく、口から空気を吸って酸素補給ができる。	→P99
	ランナー	水草の根元から、新しい芽を出すために横に伸びる枝。	→P132
	R.R.E.A.	リアル・レッド・アイ・アルビノ。国産グッピーの品種の中で、赤目のアルビノのタイプ。	→P79
	流木	長年水にさらされ、海岸などに流れ着いた木片。市販の流木は、海や湖に落ち、自然に水に沈むようになった木を使っていることが多い。	→P27
	レイアウト	水槽内の配置のこと。とくに水草やアクセサリーを入れて飾った水槽を、レイアウト水槽と呼ぶ。水槽内のどこにアクセサリーをおき、水草を植えるか、見た目のよさと魚の泳ぐスペースなどを考えて、レイアウトを決めるとよい。	→P136
	ろ過フィルター	水槽の水を循環させ、ろ過フィルターに通して水質をきれいに保つための装置。ゴミをこす物質ろ過と、アンモニアや亜硝酸塩を分解する生物ろ過の働きがある。	→P21
	ろ材	ろ過フィルターに入れてバクテリアを自然繁殖させ、生物ろ過や物質ろ過を行う。	→P22
	ロゼット型	水草の中で、根元から放射状に葉を出す形のタイプ。	→P119

熱帯魚さくいん

あ アカヒレ 89
アジアアロワナ 116
アピストグラマ 113
アピストグラマ・アガシジィ・レッド 113
アフィオセミオン・ビタエニアタスラゴスsp. 113
アフリカン・シクリッド 114
アフリカンランプアイ 83
アベニーパファ 104
アルビノ・コリドラス 92
アルビノ・コリドラス・ステルバイ 92
アルビノゴールデン・アカヒレ 89
アルビノ・スマトラ 90
アルビノ・ネオンテトラ 66
アルビノ・ブッシー・プレコ 91
アルビノブラックネオン 69
アルビノブラッシング・ダイヤモンド・エンゼル 100
アロワナ 116
アンカレマンガル 112
石巻貝 109
インパイクティスケリー 71
エレファント・ノーズ 115
エンゼル・フィッシュ 100
エンペラー・テトラ 71
大型魚 115
オトシンクルス・アフィニス 91
オランダバルーンラミレジィ 113
オレンジ・バルーンモーリー 82

か 外産グッピー 78
カージナル・テトラ 66
元祖ビーシュリンプ 108
キングコブラ 79
グッピー 78
クラウンローチ 91
グラスブラッドフィン・テトラ 67
グラミー 97
クーリーローチ 91
グリーン・スマトラ 90

水草さくいん

あ アナカリス 120
アヌビアス・ナナ 123
アフリカンチェーンソード 123
アマゾンソード 122
アメリカン・スプライト 125
アンブリア 120
ウィローモス 125
ウォーター・ウィステリア 120
ウォーター・スプライト 125
ウォーター・バコパ 122

INDEX

- グリーン・ネオンテトラ 66
- グリーンファイヤー・テトラ 69
- クロコダイル・スティングレー 116
- グローライト・テトラ 68
- 国産グッピー 78
- コバルトブルー・グラミー 98
- コリドラス・アエネウス 92
- コリドラス・アドルフォイ 93
- コリドラス・ジュリー 93
- コリドラス・ステルバイ 92
- コリドラス・パンダ 93
- コリドラス・ピグマエウス 93
- ゴールデンアップルスネイル 109
- ゴールデンハニー・ドワーフ・グラミー 97
- ゴールデン・テトラ 67
- ゴールデンバルブ 89
- ゴールデンベール・エンゼル 101
- ゴールデンミッキーマウス・プラティ 80
- ゴールデンラストライヤーモーリー 83
- コロンビア・レッドフィン・テトラ 70

さ
- サイヤミーズ・フライングフォックス 90
- シマカノコ貝 109
- ジャパンブルーハーフセント 79
- ジャワメダカ 83
- ショーベタ 96
- シルバーアロワナ 116
- シルバー・グラミー 98
- シルバーダイヤモンド・エンゼル 101
- シルバーハチェット 70
- シルバーブルーグラス 79
- スマトラ 90
- ゼブラダニオ 88
- セルフィン・キャット 115
- セレベスメダカ 83

た
- ダイヤモンド・エンゼル 100
- ダイヤモンド・テトラ 68
- ダイヤモンドマーブル・エンゼル 101
- ダルメシアン・セルフィンモーリー 83
- 淡水エイ 116
- チェリーバルブ 89
- チョコレート・グラミー 98
- チョコレート・バルーンモーリー 82
- ディスカス 112
- ディミディオクロミス・コムプレシケプス 114
- ドイツイエロータキシード 78
- ドイツイエロータキシードリボン 78
- ドゥメリリ・エンゼル 100
- トラディショナル・ベタ 96
- トランスルーセント・グラスキャット 91
- トリカラーブラッシング・エンゼル 100
- ドワーフ・グラミー 97

な
- 肉食魚 115
- ニューギニア・ダトニオ 115
- ネオングリーン・ペンシル 71
- ネオンテトラ 66
- ネオンドワーフ・レインボー 114
- ノソブランギウス・ガンサアイレッド 113

は
- ハイフィンプラティ・タキシード 80
- ハセマニア 70
- バタフライ・レインボー 114
- パブロクロミス・アーリー 114
- バルーンキッシング・グラミー 98
- パール・グラミー 97
- ビーシュリンプ 108
- ブラック・ネオンテトラ 67
- ブラックファントム・テトラ 69
- ブラックモーリー 82
- フラワーホーン 115
- プリステラ 71
- ブルーグラス 78
- フレーム・テトラ 68
- ベタ 96
- ペンギン・テトラ 70
- ホワイトミッキーマウス・プラティ 80
- ポルカドット・スティングレー 116
- ポリプテルス・ラプラディ 115

ま
- マーブル・バルーンモーリー 82
- ミドリフグ 104
- ミナミヌマエビ 108
- モスコーブルー 78

や
- ヤマトヌマエビ 108

ら
- ラスボラ・エスペイ 88
- ラスボラ・ヘテロモルファ 88
- ラスボラ・ヘンゲリー 88
- ラミーノーズ・テトラ 67
- 卵生メダカ 113
- R.R.E.A.キングコブラスワロー 79
- R.R.E.A.スーパーレッド 79
- R.R.E.A.トパーズ 79
- ルビーアイ紅白ソードテール 81
- レインボーフィッシュ 114
- レッド・グラミー 97
- レッド・ソードテール 81
- レッドビーシュリンプ 106
- レッドテールキャット 115
- レッドファントム・テトラ 69
- レッド・プラティ 80
- レッドトップマーブル・エンゼル 101
- レッドラムズホーン 109
- レモン・テトラ 68
- ロイヤルグリーン 112

わ
- ワグ・ソードテール 81

INDEX

か
- キューピーアマゾン 122
- クリプトコリネ・ウェンディ・グリーン 123
- クリプトコリネ・ベケッティ 123
- クリプトコリネ・ペッチー 124
- コブラグラス 124

さ
- ジャイアント・バリスネリア 124

た
- タイガーバリスネリア 124

な
- 南米ウィローモス 125

は
- ハイグロフィラ・ポリスペルマ 121
- ハイグロフィラ・ロザエネルビス 121
- バリスネリアスレンダーリーフ 124
- ピグミーチェーンアマゾン 123
- ピグミーチェーン・サジタリア 123
- ヘアーグラス 124

ま
- マツモ 120
- ミクロソリウム 125
- ミクロソリウム・ウィンドロープ 125
- メキシカンバーレーン 122

ら
- ラージリーフ・ハイグロフィラ 121
- ロターラ・ワリッキー 121

監修者紹介

勝田正志
（かつた まさし）

愛玩動物飼養管理士。観賞魚飼育士。「喜沢熱帯魚」オーナー。子どもの頃から魚たちの魅力にとりつかれ、数々の熱帯魚や金魚を飼育、繁殖してきた。昭和43年創業の「喜沢熱帯魚」では、国産グッピーを中心に熱帯魚や金魚などを扱っている。グッピー普及のため、彩の国・グッピー・クラブ会長、ジャパン・グッピー・マッチング・クラブ相談役などをつとめている。おもな監修書に「熱帯魚の飼い方・育て方」「金魚の飼い方・育て方」（以上成美堂出版）、「人気の熱帯魚・水草図鑑」（日東書院）などがある。

STAFF

- ●企画・編集　成美堂出版編集部
- ●写真　中村宣一
- ●イラスト　池田須香子
- ●本文デザイン　岩嶋喜人（Into the Blue）
- ●ライター　宮野明子
- ●構成・編集　小沢映子（Garden）

●飼育グッズ協力
スペクトラムブランズジャパン株式会社
〒220-0004　神奈川県横浜市西区北幸2-6-26　HI横浜ビル
TEL.045-322-4330
http://spectrumbrands.jp/

●撮影協力
喜沢熱帯魚
〒335-0013　埼玉県戸田市喜沢2-41-7　TEL.048-442-4645
石塚義信／田中　清／新田　満／日渡雅喜／
萩原俊範／石島　孝

はじめての熱帯魚&水草の育て方

監　修　勝田正志（かつた まさし）
発行者　深見公子
発行所　成美堂出版
　　　　〒162-8445　東京都新宿区新小川町1-7
　　　　電話(03)5206-8151　FAX(03)5206-8159
印　刷　共同印刷株式会社

©SEIBIDO SHUPPAN 2006　PRINTED IN JAPAN
ISBN978-4-415-04216-9
落丁・乱丁などの不良本はお取り替えします
定価はカバーに表示してあります

● 本書および本書の付属物を無断で複写、複製（コピー）、引用することは著作権法上での例外を除き禁じられています。また代行業者等の第三者に依頼してスキャンやデジタル化することは、たとえ個人や家庭内の利用であっても一切認められておりません。